U0837602

再微小的地方 都值得认真考量

细节铸就辉煌

主编 拾　月
编著 陈小梦

图书在版编目（C I P）数据

再微小的地方　都值得认真考量：细节铸就辉煌 / 陈小梦编著. -- 北京：现代出版社, 2015.4

ISBN 978-7-5143-3491-3

Ⅰ. ①再… Ⅱ. ①陈… Ⅲ. ①成功心理－青少年读物 Ⅳ. ①B848.4-49

中国版本图书馆 CIP 数据核字(2015)第 068002 号

再微小的地方　都值得认真考量：细节铸就辉煌

主　　编　拾　月
编　　著　陈小梦
责任编辑　王敬一
内文制作　诚美天下文化传播有限公司
出版发行　现代出版社
地　　址　北京市安定门外安华里 504 号
邮　　编　100011
电　　话　(010)64267325
传　　真　(010)64245264
邮　　箱　xiandai@cnpitc.com.cn
网　　址　www.1980xd.com
印　　刷　三河市华晨印务有限公司
开　　本　700mmx1000mm　1/16
印　　张　9
版　　次　2015 年 5 月第 1 版　2021 年 4 月第 3 次印刷
书　　号　ISBN 978-7-5143-3491-3
定　　价　29.80 元

前言

青少年是社会的宝贵财富，是人类的希望和未来，正所谓“少年强则国强”。为此，大至一个国家、一个民族，小至一个家族、一个家庭，都特别重视青少年的教育问题。希望他们成为社会的中坚，家族的骄傲。一句话，就是希望他们成为成功的人。于国，能成为有用的人才；于家，能成为顶梁柱。不仅仅要学习好，还要有辨别人世间善、恶、美、丑的能力。在每个人的人生中，除了需要自身的因素之外，还需要拥有感受世界的能力。

思路、细节，能够丰富大脑容量，完善行为举止，让青少年变得愈加稳重大方。

口才、谈判，能够练就舌战群雄的能力，凭借一张巧嘴，也能走遍天下。

习惯、能量，能够端正青少年人生态度，获得积极向上的正能量。

决策、执行，能够清晰目标，果断解决问题，让人生不在纠结、忧郁中度过。

人脉、创新，能够体会到人和的力量，让生命更具新鲜感。

青春，是人最美好的一段时光，也是人格、性格定型的重要阶段，在这个时期，我们需要享受青春的快乐，同时也需要完成自我塑造。通过心理自助，最终从一个小男生、小女生逐渐成长为一个有着健全人格的人，成长为一个对社会、对家庭、对自我有着相对完整认知的人，成长为能够为自己的未来做主的人。这才是一个充实、有价值的青春。每个梦想都值得我们认真对待，每个青少年都是未来的希望。在青春中我们不仅要有欢乐，同时也要拥有未来！

本丛书是你化解烦恼的“心灵鸡汤”，可以给你快乐的心理自助；本丛书会让你认识到：掌控心理，方能掌控世界；改变自己，才能改变一切。本丛书还将告诉你：只有实现积极的心理自助，才能收获快乐而充实的青春。

目录

第一篇 认清实质：有心的人更能看透世界纷芜

第二篇 善于积累：一个细节就是山川的一粒石子

第三篇 端正态度：你越能重视它，它越会善待你

目录

第四篇 以小见大：别轻视那些看似无谓的细小

第五篇 一生相伴：用毕生时光去诠释得体的命运

第一篇

认清实质：有心的人更能看透世界纷芜

细节无处不在，关键在于捕捉细节的眼睛。有时，一个人的一个细节行为便能改变一个人的命运。因为人在生活中的细节可以看出一个人的内涵、智慧、修养、气质以及对人生的态度。生活中，因为一些小小的不经意，造就了一群懂得细节的人。

天下大事，必作于细

故事话题

荷兰某个眼镜制造商的儿子在跟兄妹们玩耍时，偶然把两个镜片叠在了一起，他惊奇地发现远处教堂的尖顶一下子就跑到自己面前来了。兄妹几人轮流看了一遍，都感到很惊讶，于是回屋请教他们的父亲，但父亲也解释不了这种现象。

男孩儿灵光一闪，觉得自己似乎发现了一种可以为老年人的生活提供便利的工具，而且这一发现还可能给他带来巨大的利润。于是，他就去向伽利略请教，伽利略马上就意识到这一发现对于天文爱好者具有巨大价值。

据此，伽利略制造出了一台粗糙的天文望远镜，就是利用这架天文望远镜，他在现代天文学上有了伟大的发现。

故事解析

细节往往最容易被人忽视，很多重大发现都是由细节引导的，它们或许看上去微不足道，实际上却是马虎不得的。一个人如果连小小的细节都抓不住，那他很难突破自己。不求上进、自甘平庸的人往往都会忽略细节，而这些忽略细节的人都是对待人和事得过且过、敷衍了事的人，这样的人很难体会到细节带来的欢乐。

细节之处看在眼里便是风景，握在掌心便是花朵，揣在怀里便是阳光。把握不好细节，轻则从头来过，重则毁其一生。细节，不是三分钟热度，而是一场持久战，一种无时不在的习惯，也是智慧的见证，无论做什么事情都不能够马虎带过，而是要在事情达到你的满意度之前仔细寻找不足之处，不怕多花时间，因为只有这样，你才是一个能创造出财富的人，才会是一个有价值的人。

故事穿越

欧洲战场上，国王查理三世决定拼死一战。战斗进行的当天早上，他派一名马夫去备战马。马夫告诉铁匠国王要骑着最喜爱的那匹马打头阵，必须赶快给马钉掌，但遭到了铁匠的拒绝，理由是前些日子刚给国王全军的马钉了掌，现在没有足够的铁片了，需要临时再打点儿来。马夫见形势危急，容不得多等，于是不耐烦地叫道："敌人马上就要攻打进来了，我们必须在战场上迎击敌兵，有什么你就用什么吧，将就着点。"

铁匠埋头干活，从一根铁条上弄下4个马掌，把它们砸平、整形，固定在马蹄上，然后开始钉钉子。钉了3个掌后，他发现没有钉子来钉第4个掌了，刚要再砸出两个钉子。此时，马夫急切地说："我听见军号了，你能不能凑合着钉好马掌？""我能把马掌钉上，但是不能像其他几个那么结实。""能不能挂住？"马夫问。"应该能，"铁匠回答，"但我没把握……"

两军交战，查理国王冲锋陷阵，他远远地看见在战场的另一头有几个自己的士兵正在后退，于是策马扬鞭冲向那个缺口，召唤士兵调转马头继续战斗。可他还没走到一半，一只马掌就掉了，战马跌翻在地，他也被掀翻在地上。他来不及抓住缰绳，惊恐的马跳起来逃走了。

查理环顾四周，士兵们纷纷转身撤退，敌人的军队包围了上来。他在空中挥舞着宝剑大喊一声："马！一匹马，我的国家倾覆就因为这一匹马！"他没有马骑了，军队也已经四分五裂，士兵们自顾不暇。不一会儿，敌军俘获了查理，战斗结束了。

故事微语

上述故事中，这个国家的损失都是因为少了一个马掌钉。马夫心中只想着国王说过自己要骑哪匹马去战场厮杀，完全忽略了铁匠的忠告，主要问题的主要矛盾没有得到本质的解决，终究导致这匹的战马变成了战败的导火索。

从功能上说，细节毫无疑问是最后一颗马掌钉的有无，这一颗马钉是决定战争是胜是败的关键因素。由于细节是对微小事物的仔细观察与把握，所以它是人生旅途中的成功伴侣。

现实生活中，很多事情都犹如多米诺骨牌一般，一点轻微的晃动都会导致整个系统的崩溃。一个细节问题没有得到重视，就会导致满盘皆输；一件产品不合格，就会导致工厂倒闭。这绝对不是危言耸听。因此，我们要关注每一个细节，这样才有可能成就大业。

心灵箴言

小事成就大事，细节成就完美。

——[美] 戴维·帕卡德

天下难事，必做于易；天下大事，必做于细。

——老子

泰山不让土壤，故能成其大；河海不择细流，故能就其深。

——李斯

细节不是“细枝末节”，而是用心，是一种认真的态度和科学的精神。

——汪中求

细节是让现世安稳的一种能力

故事话题

上海地铁一号线和二号线之间是有明显差异的，一号线站台宽阔，上下车非常方便。而且为了提醒乘客远离轨道，一号线把靠近站台 50 厘米内铺上金属装饰，又用黑色的大理石嵌了一条边，当乘客走近站台边时就会自觉远离危险区域。

一号线的设计者在每个地铁出口处都设计了一个转弯，在室外出口设计了三级台阶。起初人们误以为这样做是增加了成本，直到缺少这些设施的二号线投入使用，人们才知道这样设计的必要性。道理很简单，如果家里开着空调又开着门窗，每个月的电费一定很贵。而在出口处增加一个转弯，可以大幅降低用电成本，节省开支。

至于三级台阶的设计，更能体现出设计者的用心。上海地势较低，一到雨季就会波及到许多建筑物。而在地铁口设计三级台阶，可以防止雨水倒灌，从而减轻地铁的防洪压力。

相比之下，二号线地铁的设计者就没那么仔细了，没有使用装饰线提示乘客危险，而是地铁公司安排专人提醒乘客注意安全。为了节约成本，二号线省掉了站台门，结果投入使用后经常发生乘客不小心掉下站台的事故。到了冬天，站台内气温非常低，不得不开空调提高温度，用电量很大。二号线的出口是直的，所以用电量比一号线多出很多。室外的三级台阶二号线也省掉了，结果经常在雨天被淹，造成巨大的经济损失。

故事解析

上海地铁二号线的设计者没有一号线的设计者细心，很多细节问题没有考虑到，所以二号线的运营成本比一号线高出很多。一号线的设计者是德国人，而二号线的设计者是中国人。为什么一号线与二号线有如此大的差距呢？其实中国人并不比德国人天资差，中国人绝不缺乏聪明才智，真正缺乏的是追求细节的精神。或许做大事不拘小节会伴随一些风险，但这更是一种处事态度，有了起码的做事态度，才有希望办成大事。

在日常工作和生活中，从每一件事的细节入手才能做到尽善尽美，不论你要做的事情是什么，要想取得好的结果，不仅要具备一定的聪明才智，更要有认真细致的精神，踏踏实实用心去做才能把事情做好。

故事穿越

半个世纪以前，有位行人在苏格兰北部的一家乡村客栈过夜。在他留宿期间，信使给老板娘带来了一封信。老板娘接过来审视了一番，又原封不动地把信还给了信使，说她付不起信的邮费，两先令对于当时的她来说，几乎是个天文数字。

听了这番话，行人坚持要替老板娘垫付邮费。当信使离开后，老板娘坦诚地对他说，其实信里根本没什么内容。她知道写信的是自己的弟弟，弟弟住在离她很远的地方，他们姐弟俩约定好，在写信的时候他们只要在信封上做一些特殊的记号，他们就彼此明白对方过得是否很好。

老板娘与弟弟特殊的通信方式给了这个留宿的行人很大的启发，他意识到人们需要一种价格低廉的邮政方式，他就是著名的国会议员罗兰德·希尔。几个星期后，他向国会众议院提出了一项降低邮费的议案，后来通过了，沿用至今。

故事微语

细节决定成败。在平凡而又琐碎的生活当中，往往包含着一些酵质，假使酵质膨胀了，就会使生活产生剧烈的变化，从而改变一个人的命运，影响其一生，所以有人说天才与凡人之间的最大区别往往体现在一些微不足道的小事上。

细节虽然像沙粒一样渺小，很多人注意不到，但“泰山不拒细壤，故能成其高；江海不择细流，故能就其深”，细节之于生活中的每一件事都犹如铺就道路的一粒粒石子，或者构筑金字塔的一块块方石。所以如果想成功，我们就需要重视细节。

心灵箴言

一个企业家要有明确的经营理念和对细节无限的爱。

——[意] 布鲁诺·蒂茨

不放过细节。无视细节的企业，它的发展必定在粗糙的砾石中停滞。

——[日] 松下幸之助

我们的成功表明，我们的竞争者就是因为他们缺乏对细节的深层关注。

——[美] 弗雷德·特纳

我强调细节的重要性。如果你想经营出色，就必须使每一项最基本的工作都尽善尽美。

——[美] 克洛克

处处多留心，世界变芳华

故事话题

宋朝有个叫吕元膺的人，一直在东都做郡守。有一次，他邀请一位掌管钱粮的下级弈棋。正巧这个时候忽然有人来报，说有紧急事务需要处理。吕元膺没有办法，只好让那个钱粮官等他回来继续下完这盘棋。

当吕元膺抽身去处理紧急公务时，这位钱粮官趁机偷换了一颗棋子，最后在不利的情况下反败为胜，赢了这盘棋。吕元膺当时对此虽有察觉，但并未吭声。过了一段时间，吕元膺借故把这个钱粮官调离身边，并预言此人终将因贪污而获罪。

后来果然被他言中，不久就传来消息，钱粮官因私匿公款，已被刺配三千里外了。

故事解析

人世间再大的事也都是由一件件小事构成的，专心做好小事不一定会取得惊人的成绩，但如果麻痹大意、忽略细节，就很有可能会因小失大。老子曾说：“天下难事，必做于易；天下大事，必做于细。”这句话的意义就在于告诉人们，想成就一番事业必须从简单的事情做起，从细微之处入手，处处留心。

上述故事中，钱粮官一个细小的动作都能让吕元膺看出事端，所以将其调离是很理智的决定。生活中，对人对事我们都要处处留心，用敏锐的目光抓住细节问题，这不仅能把事情做好，还能避免许多损失。

认真做好小事是成就大事的必要条件。影响大事成功的因素会有很多，有的也许我们没有办法预料到，但是如果我们掉以轻心，则大事一定不会成功。当今社会，大胆心细的人越来越受欢迎，只有对自己负责、做事情一丝不苟的人，才会受到命运的嘉奖。

故事穿越

沙漏是一种古董玩具，它在人类发明时钟之前是用来测算时间的。当时钟出现后，沙漏就完成了自己的历史使命，被取而代之了，而西村金助却把它作为一种古董来生产销售。起初，西村将沙漏作为玩具来卖，但孩子们不太喜欢，所以销量很不乐观。他找不到其他比较适合的工作，所以只能继续干老本行。

沙漏的生意越来越难做，后来被迫停产。一天，西村在看一本有关赛马的书，书上讲马匹在现代社会里失去了它运输的功能，但是又以娱乐价值的面目出现。西村灵机一动，高兴地跳了起来。他重新振奋精神，一门心思都在研究沙漏上。一个构思浮现在他的脑海：做个限时 3 分钟的沙漏，3 分钟内，沙漏上的沙就会完全落到下面来，把它装在电话机旁，这样打长途电话时就不会超过 3 分钟，电话费就可以有效地控制了。

这个东西设计上非常简单，把沙漏的两端嵌上一个精致的小木板，再接上一条铜链，然后用螺丝钉钉在电话机旁就行了。不打电话时还可以作装饰品，看它点点滴滴落下来，虽是微不足道的小玩意，也能调剂一下现代人紧张的生活。

西村金助的新沙漏可以有效地控制通话时间，售价又非常便宜，因此一上市，销路就很不错，平均每个月能售出 3 万个。这项创新使沙漏转瞬间成为对生活有益的用品，销量成千倍地增加，濒临倒闭的小作坊很快变成一个大企业。

故事微语

西村金助如果不是一个胆大心细的人，就不可能获得后来的成功。即使看了那本赛马的书也难以逃脱破产的厄运，还会变成身无分文的穷光蛋。

西村金助的成功给人们一个启示：成功会格外偏爱那些有心人。成功青睐有心人，有时是生活中很小的一件事，就能触动你发明创造的那根触角，就能改变你的命运。比如，一条简短的信息、发现某种产品的缺陷、注意到某种需求在不断增长……即使身边一些别人熟视无睹的事物中，也孕育着许多的商机。

心灵箴言

观察，观察，再观察。

——[俄] 巴甫洛夫

欲要看究竟,处处细留心。

——宋帆

对微小事物的仔细观察，就是事业、艺术、科学以及生命各方面的成功秘诀。

——[英] 史迈尔

聪明睿智的特点就在于，只需要看到和听到一点，就能长久地考虑和更多的理解。

——[奥地利] 布鲁诺

任何伟大都先始于平凡

故事话题

美国著名动作影星史泰龙在高中辍学后一直有一个梦想，那就是当明星。当时的他还不具备作明星的条件，从长相上看并不出众，从专业上看也没有经验，更没有这方面的天赋，但他依然坚定追求理想的信念，他相信只要不放弃就一定能成功。于是他来到好莱坞，找导演、找明星、找制片人……

他把所有能够帮自己的人都找遍了，却没有被支持。每次他都很诚恳地说："给我一次机会吧，我要当演员，我一定能成功!"可换回来的总是冷漠的目光和讥笑。他没有气馁，他认为失败一定有自己的原因，于是一次又一次进行自我反省、自我检讨、努力学习。后来钱也花光了，史泰龙只好到好莱坞做一些笨重的体力活来维持生计。两年下来，他遭受了100多次的拒绝。

他曾伤心过，彷徨过，但他心里更多的是不服气。为了证明自己的才华，他开始写剧本，希望能通过自己的剧本换回一个当演员的机会。一年以后，剧本写好了，他拿着剧本访遍了众多导演，结果很少有人赏识他的作品。即使有一两个感兴趣的，一听说他要当男主角，就纷纷摇头拒绝了。

他仍然没有灰心，后来一个拒绝了他20多次的导演对他说："我不知道你能不能演好，但是你执著的精神让我感动。我可以给你一次机会，但是我要把你的剧本改成电视剧，先拍一集。你来当男主角，如果效果好，我们继续；如果效果不好，你从此就断绝了这个念头吧。"

他全身心地投入了拍摄，这部电视剧第一集就创下了当时全美国的最高收视纪录。所有的美国人都知道了史泰龙的名字。

故事解析

透过成功人士出色的人生经历我们不难看出，他们之所以会成功是因为他们不自甘平庸。就像海里的贝壳一样，那份为了孕育珍珠永不放弃的执著和永不言败的坚强意志，是贝壳最可贵的精神。许多人在身处逆境时会想到放弃，如果能像贝壳那样勇于直面人生，不轻言放弃，那么在你走过那段坎坷的历程后就会领悟到：生活是不相信眼泪的，失败也并不意味着没有机会成功，任何人都不可能永远沾沾自喜，也不存在永恒的痛苦。

生命之所以辉煌是因为拒绝了平庸，而不是平凡。正因为平凡，我们才可以让思想、情怀、品格盛开在三月如诗如画的原野，在寂寥的人生路上，唱一支热烈而充实的歌；正因为平凡，我们可以自由地去发展、去创新；正因为平凡，我们可以在平凡的土地里播下不平凡的人格与情操、尊严与责任的种子。这就是平凡中的伟大。

故事穿越

加藤为了赶去上班，刷牙时急急忙忙用力过大导致牙龈出血，他为此特别恼火，上班的路上都是带着气愤。来到公司，加藤为了把心思集中在工作上，努力地抑制着心中的怒火。后来他跟同事提及此事，大家一致认为需要设法解决刷牙容易伤及牙龈的问题。

他们想了不少解决方案，比如：把牙刷毛改为柔软的狸毛，刷牙前先用热水把牙刷泡软，多用些牙膏，放慢刷牙速度……但效果均不理想。后来他们进一步检查牙刷毛，在放大镜底下发现刷毛的顶端是四方形而不是尖的。加藤说："把它改成圆形的不就行了。"于是他们着手改进牙刷。

实验取得成效后，加藤正式向公司提出了改变牙刷毛形状的建议，公司领导也予以采纳，把全部牙刷毛的顶端改成了圆形。改良后的狮王牌牙刷在广告媒介的作用下销量直线上升，最后占到了全国同类产品的40%左右，加藤也由普通职员晋升为课长，十几年后成为公司的董事长。

故事微语

牙刷不好用在我们看来是司空见惯的小事，所以很少有人注意到牙刷存在的问题，机遇也就从身边溜走了。而加藤不仅发现了这个平凡的小问题，还对小问题进行了细致的分析，最后使自己和公司都取得了成功。

在许多人的眼中，或许别人的成功只是一种偶然、一种运气，他们是不可能看到成功人士背后的努力跟辛酸的，他们总是盼望好运气从天而降，自己却不付出努力。如果最后没有成功，他们就自甘堕落、不思进取，这种理念是不可取的。

有句格言说：“自立者，天助之。”上天从来不会帮助懒汉，只把机会留给有准备的人。一个人从平凡到不凡是需要多积累多总结的，任何成功与伟大都始于平凡，注重微不足道的小事，注重积累，当机会来临时就不会一次次地错过。直到有一天，你会惊讶地发现自己是一个多么了不起的人。

心灵箴言

大礼不辞小让，细节决定成败。

——汪中求

最深刻的真理，是最平凡的真理。

——[俄] 托尔斯泰

把每一件简单的事做好就是不简单；把每一件平凡的事做好就是不平凡。

——张瑞敏

最伟大的人不是轻视日常小事的人，而是对这些事情予以缜密的注意并加以改进的人。

——[苏格兰] 史迈尔斯

机会往往就隐藏在细节之中

故事话题

美国的查朱是乡下一个小火车站的站员。由于车站偏僻，购物困难且价格偏高，附近的人们常常要写信让外地的亲友代买东西，非常麻烦。查朱注意到了这个问题，心想如果能在附近开一个店铺，一定会是一个发财的机会。

查朱穷得拿不出本钱，也没有房子，他决定尝试用一种全新的、无人尝试过的邮购方法，即先将商品目录单寄给客户，然后按客户的要求寄去商品。他雇了两名职员，成立了“查朱通信贩卖公司”。此后，人们纷纷效仿，从美国风靡到全世界，查朱也成为“无店铺贩卖”方式的创始人，5年后他成了百万富翁。

故事解析

许多人或许在追求机会的道路上历尽艰辛也没有得到过幸运女神的垂青，这个时候就需要转换一下思路，另辟蹊径从细节中寻找新的机会。

人们常说“条条大路通罗马”，机会是无处不在的，但与此同时，寻找机会的人也是多如繁星。在人们所熟知的行业中，机会和追求机会的人之间的比例是严重失调的。可惜，许多人虽然意识到了这一点，却还是拼死要往里钻，结果不但没能得到命运的转机，反而浪费了自己的大好青春。

机会处处可见，善于抓住机会的人懂得往人少的地方去。如果某个地方只有你一个人，那就意味着这里所有的机会都只属于你一个人。学会独辟蹊径，并从人生的细处经营，将使你的人生“柳暗花明又一村”。

故事穿越

乌云密布，天降大雨，行人纷纷挤进就近的店铺躲雨，一位老妇人也蹒跚地走进商店避雨。面对她略显狼狈的姿容和简朴的装束，所有的售货员都对她心不在焉，视而不见。这时，一个年轻人诚恳地走过来对她说："夫人，我能为您做点什么吗？"老妇人莞尔一笑："不用了，我在这儿躲会儿雨，马上就走。"

老妇人随即又心神不宁起来，觉得不买人家的东西却借用人家的店堂躲雨似乎不近情理，于是她开始在百货店里逛起来，哪怕买个头发上的小饰物也算给自己的躲雨找个心安理得的理由。

正当她犹豫徘徊时，那个小伙子又走过来说："夫人，您不必为难，

我给您搬了一把椅子，放在门口，您坐着休息就是了。”两个小时后雨过天晴，老妇人向年轻人道谢，向他要了张名片，然后颤巍巍地走了。

几个月后，费城百货公司的总经理詹姆斯收到一封信，信中要求将这位年轻人派往苏格兰收取一份装潢整个城堡的订单，并让他承包写信人家族所属的几个大公司下一季度办公用品的采购订单。詹姆斯惊喜不已，草草一算这封信带来的利益，相当于他们公司两年的利润总和。他在与写信人取得联系后才知道，这封信出自一位老妇人之手，而这位老妇人正是美国亿万富翁“钢铁大王”卡内基的母亲。

詹姆斯马上把这位叫菲利的年轻人推荐到公司董事会上，当菲利打起行装飞往苏格兰时，他已经成为这家百货公司的合伙人了，那年菲利 22 岁。随后的几年中，菲利以他一贯的忠实和诚恳，成为“钢铁大王”卡内基的左膀右臂，事业扶摇直上、飞黄腾达，成为美国钢铁行业仅次于卡内基的富可敌国的重量级人物。

故事微语

菲利只用了一把椅子就轻易与“钢铁大王”卡内基攀亲附缘、齐肩并举，从此走上了让人梦寐以求的成功之路，这正是“勿以善小而不为”。或许我们无法像菲利一样幸运地赢得平步青云的机会，如果我们不在自己的意识里种下这一粒种子的话，我们就永远不能感受到把握细节能带来什么样的机遇。

生活的溪流往往是由一些琐屑的、无足轻重的事件以及那些过后不留一丝痕迹的细微经验的水珠渐渐汇集而成的，正是它们才构成了生命的全部内涵。有人认为，“行大事不拘小节”，就是说作为一名有志者，应当干大业、成大事，而不应拘泥于细微琐碎的小节，“小节无伤大雅，何必小题大做”？其实不然。

任何事物都有一个从量变到质变的过程，小节问题同样具有潜移默化的作用，平时不拘小节，就有可能微恙成大疾、小问题演化成大问题。要想成大事，不仅不能放任自己，疏忽细节，相反，越注意细节，越容易成功。

心灵箴言

魔鬼在细节。

——[法] 斯·凡·法罗

奥秘全在细微处。

——[法] 格茨·维尔纳

铁钉缺，马蹄裂；马蹄裂，战马蹶；战马蹶，骑士跌；骑士跌，军团削；军团削，战士折；战士折，帝国灭。

——《帝国亡于铁钉》

第二篇

善于积累：一个细节就是山川的一粒石子

生活，是一种经历，也是一种体验；生活，是一种感受，也是一种积累。做任何事情，都不可能一蹴而就，也不可能一劳永逸。因为量的积累，是永续的，只有起始，没有终点，就算引起质变，还要在质变基础上，进行新的量的积累，以便达到新的质变，而这种形式循环往复，以至无穷。

努力做个心细如发的人

故事话题

珀杜 10 岁时，父亲给了他 50 只自己挑选剩下的劣质仔鸡要他喂养并自负盈亏。在小珀杜的精心照料下，这些蹩脚的鸡日渐改观、茁壮成长。不久后，产蛋量竟超过了父亲的优质鸡种，每日卖蛋纯收入可得 15 美元左右。

这在大萧条时期可是一笔大钱。开始父亲不相信，当他亲眼看见小珀杜把鸡蛋拿出去时才开始相信他。后来珀杜开始帮助父亲管理部分鸡场，事实再一次证明他的管理和销售能力，他管理的几个鸡场的效益超过了父亲。1984 年，父亲终于将他的整个家禽饲养场全部交给珀杜管理。

10 岁的珀杜对鸡的生活习性一点也不了解，但是他认真观察后发现，当一只鸡笼里的小鸡少了时，小鸡吃得就多，成长得就快，但是太少了又会浪费鸡笼和饲料。于是他就慢慢地寻找最佳结合点，最后总结出每只笼子里养 40 只小鸡是最合理的。

故事解析

有人说：“上帝就在细节中。”珀杜之所以能比父亲经营管理得好，是因为他能注意到一些很细小的环节。因为他对事物的仔细观察，使他发现了隐藏在细小事物中的机遇，从而见微知著。注意事物的每一个细节，从中可以发现使人成功的机遇，从而对总体的把握更加准确。抓住了微妙之处，也就把握了荦荦大端。

留意细节并且能做好这些细节，未必能够像珀杜一样顺利地做到自己想做的事，但如果什么都不做的话，你就永远不会有这样的机会。虽然一个人的成功有时纯属偶然，可是我们也不能说那绝对不是必然的。在很多看似偶然成功的背后，一定会有必然的因素在起作用。那种必然支配着这些偶然，很可能就是他们高出众人的整体素质，这种素质就表现在坚持将“小事”做好。

故事穿越

医学院某位教授在上课的第一天对他的学生说：“当医生最要紧的就是胆大心细！”说完，便将一只手指伸进桌子上一只盛满尿液的杯子里，接着再把手指放进自己的嘴中，随后教授将那只杯子递给学生，让这些学生学着他的样子做。

看着每个学生都把手指探入杯中，然后再塞进嘴里，忍着呕吐的狼狈样子，他微微笑了笑说：“不错，不错，你们每个人都够胆大的。”紧接着教授又难过起来，“只可惜你们看得不够心细，没有注意到我探入尿杯的是食指，放进嘴里的却是中指。”

教授告诉学生们这样做的本意是教育他们在科研与工作中都要注意细节，并且相信尝过尿液的学生应该能够终生记住这次“教训”。

故事微语

俗语说“一滴水可以折射整个太阳”，许多“大事”都是由微不足道的“小事”组成的。日常工作中同样如此，看似琐碎、不足挂齿的事情比比皆是，如果你对工作中的这些小事轻视怠慢，敷衍了事，到最后就会因“一着不慎”而失掉整个胜局。所以，每个人在处理小事时都应当引起重视。

不论你在从事什么样的行业，培养注意细节的习惯都是很重要的。所谓千里之堤，溃于蚁穴，但是细节更为宝贵的价值在于它是创造性的、独一无二的。因为在每一个看似细小的环节当中都凝结着经营者点点滴滴的心血和智慧。

心灵箴言

致广大而尽精微。

——《中庸》

细节的实质是认真的态度和科学的精神。

——汪中求

不积跬步，无以至千里；不积小流，无以成江海。

——《荀子》

细节是一种创造，细节是一种功力，细节表现修养，细节体现艺术，细节隐藏机会，细节凝结效率，细节产生效益，细节是一种征兆。

——佚名

一个小小的举动体现了个人修养

故事话题

鲁尔先生要雇一名勤杂工到他的办公室打杂，他最后挑了一个男童。

“我想知道，”他的一位朋友问，“你为什么挑他，他既没有带介绍信，也没有人推荐。”

“你错了，”鲁尔先生说，“他带了很多介绍信。他在门口时擦去了鞋上的泥，进门时随手关门，这说明他小心谨慎。进了办公室，他先脱去帽子，回答我的问题干脆果断，证明他懂礼貌而且有教养。其他所有的人直接坐到椅子上准备回答我的问题，而他却把我故意扔在椅子边的纸团拾起来，放到废纸篓中。他衣着整洁，头发整齐，指甲干净。难道这些小节不是极好的介绍信吗？”

动
开

故事解析

从上述故事中我们能够明白一个道理：小节不小，体现大素质。许多企业在招聘人才时都只录取其中最注重细节问题的人。比如：当女服务员为这些应聘者递送茶水时，有一个人礼貌地站起来用双手接过，还说了声“谢谢”。这个人就会被暗中观察的经理注意到，他被录用的可能性就最大。

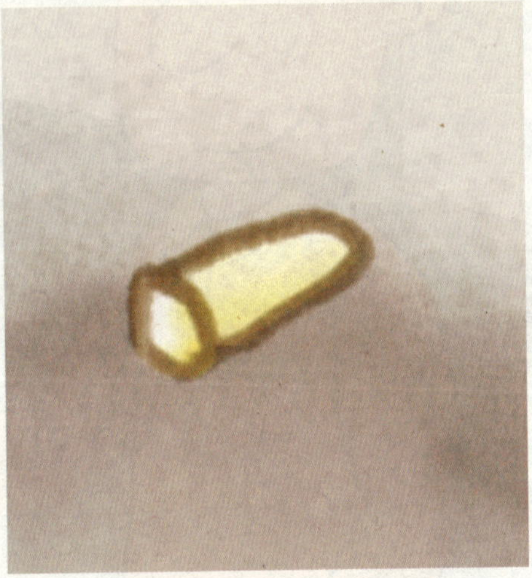

在一些正式场合，人们对一个陌生人的了解往往是从他的细节中得来的，细节能反映出一个人的素质。在互不熟悉的情况下，人们在不知不觉中就会先入为主地认为：细节常常反映出大问题。所以，我们的细节便是我们的名片、我们身份的象征。

故事穿越

德国的工程技术人员思坦因曼思失业后，因为国内经济不景气寻不到更多就业机会而不远千里地来到美国。不久就幸运地被一家小工厂的老板看中，聘用为生产机器马达的技术人员。

1923 年，美国福特公司有一台马达坏了，公司所有的工程技术人员都未能修好。正在焦急万分的时候，有人推荐了思坦因曼思，福特公司就派人请他来。他来之后，什么也没做，只是要了一张席子铺在电机旁，聚精会神地听了三天，然后又要了梯子，爬上爬下忙了多时，最后他在电机的一个部位用粉笔画了一道线，写上“这儿的线圈多绕了 16 圈”几个字。福特公司的技术人员按照思坦因曼思的建议，拆开电机，电机正常运转了。

福特公司总裁福特先生得知后，对这位德国技术人员十分欣赏，先给了他一万美元的酬金，然后又亲自邀请思坦因曼思加盟福特公司。但思坦因曼思却向福特先生说，他不能离开那家小工厂，因为那家小工厂的老板在他最困难的时候帮助了他。

福特先生先是觉得遗憾万分，继而又感慨不已。福特公司在美国是实力雄厚的大公司，人们都以进福特公司为荣，而他却为了报恩而舍弃如此好的机会。

不久，福特先生做出一个决定，收购思坦因曼思所在的那家小工厂。董事会的成员都觉得不可思议："这样一家小工厂怎么会进入福特先生的视野？"

福特先生说："人品难得，因为那里有思坦因曼思。"

故事微语

做人切不可忽略细节，如果说一个人的大事业大成功是他的框架和骨骼的话，那么若干"细节"就是他的血肉，是来自生活母体的活性细胞。

一个人往往因为好多优秀的"细节"，终于筑就了良好的人品与德性。许多人的德性败坏是从不拘小节开始的。德性就像一架时钟的发条，为了一个辉煌的目标，一分一秒不能松劲，不放弃使命，不放弃责任，不放弃尊严……这些原则都不在豪言壮语之中，而是在生命和生活的细节中体现。

古人说："勿以善小而不为。"人品与德性的大厦不可能"拔地而起"，只能在一个个的生活"细节"中长高。

心灵箴言

文以行为本，在先诚其中。

——柳宗元

一个不经意的细节，往往能够反映出一个人深层次的修养。

——汪中求

气质之美与其说是来自内心的修养，不如说它是来自一种对美好事物的欣赏能力。这份欣赏力就是一个人的言谈举止不同流俗。

——[法] 罗曼·罗兰

成功源于细节的积累

故事话题

有一年，曹操带兵攻打东吴，留曹植守卫邺城，后来孙权投降，曹操得胜回邺城，一到家就有人状告曹植，称其“擅开司马门，且奔驰于驰道”。把曹操气坏了。原来“司马门”是魏宫正门，只有曹操本人车驾可以出入；而“驰道”是天子专用车道，极为雄伟，曹操比天子还“大牌”，也建造了“驰道”。

曹操不在家，曹植得意忘形，玩疯了，其实，他哪儿有篡位的野心呢？但曹操可不这么想：“我还没死，就要取而代之?!”

曹植不只因为“擅开司马门，且奔驰于驰道”令曹操反感，还由于他对工作极为不认真，酗酒误事，令曹操气愤。有一次曹仁被关羽围攻，曹植奉命援救。本来这是好好表现的机会，但曹植却没有控制住自己，因酗酒误了大事。至此曹操完全对曹植失去了信心。

故事解析

由此可见，要想成大事，不仅不能放任自己，疏忽细节，相反，越注意细节，越“拘小节”，越容易成功。

无论在何种场合，细节的重要性都是不言而喻的。不要觉得那些不起眼的细节根本就算不了什么，要知道你忽视细节，成功也必将忽视你。

士兵每天做的工作就是队列训练、战术操练、巡逻排查、擦拭枪械等小事；饭店服务员每天的工作就是对顾客微笑、回答顾客的提问、整理清扫房间、细心服务等小事；公司中你每天所做的事可能就是接听电话、整理文件、绘制图表之类的小事。

但是，我们如果能很好地完成这些小事，没准儿将来你就可能是军队中的将领、饭店的总经理、公司的老总。反之，你如果对此感到乏味、厌倦不已，始终提不起精神，或者因此敷衍应付差事，勉强应对工作，将一切都推到“英雄无用武之地”的借口上，那么你现在的位置也会岌岌可危，在小事上都不能胜任，何谈在大事上“大显身手”呢。

没有做好“小事”的态度和能力，做好“大事”只会成为“无本之木，无源之水”，根本成不了气候。可以这样说，平时的每一件“小事”其实就是一个房子的地基，如果没有这些材料，想象中美丽的房子，只会是“空中楼阁”，根本无法变为“实物”。

故事穿越

在伟大的雕塑家加诺瓦即将完成他的一项杰作时，有一个人在一旁观察。艺术家的一刻一凿看上去是那么的漫不经心，于是，他就以为艺术家只不过是在作样子给他看而已。但是，艺术家跟他说："这几下看似不起眼，好像没什么，但正是这一刻一凿才把拙劣的模仿者与大师真正的技艺区分开来。"

当加诺瓦即将开始他的一件伟大作品《拿破仑》时，他那锐利的目光发现那块备用的大理石纹理上隐隐约约有一条红线，虽然这块大理石是费了千辛万苦才从帕罗斯岛运来的，而且花了很高的价格，但是他的凿子却再也没有动它一下。

故事微语

一个整体通常是由一个部分甚至多个部分组合而成的，这些部分貌似细微，但只要缺少了其中的某个元素便有可能改变整个整体的性质。所以，好梦成真来源于你对细节的把握，细节，就是成功时关键地方的制衡点，马虎大意是什么也做不好的。

正如柏拉图所说："如果没有小石头，大石头也不会稳稳当当地矗立着。"你想成功就好好把握细节吧，它能给你带来光明的未来，实现你那美好的梦想。

在现实社会中，决定人生命运的往往是一些看似无关紧要的细节，其体现的恰恰是一个人的思想跟主张。

心灵箴言

细节在于观察,成功在于积累。

——[美] 爱默生

聪明在于勤奋，天才在于积累。

——华罗庚

骐骥一跃，不能十步；驽马十驾，功在不舍。

——《荀子》

外物之味，久则可厌；读书之味，愈久愈深。

——程颐

做事不贪大，做人不计小

故事话题

有一位老教授说起过他的经历：

“在我多年来的教学实践中，发觉有许多在校时资质平凡的学生，他们的成绩大多在中等或中等偏下，没有特殊的天分，有的只是安分守己的诚实性格。这些孩子走上社会参加工作，不爱出风头，默默地奉献。他们平凡无奇，毕业分手后，老师同学都不太记得他们的名字和长相。但毕业后几年十几年后，他们却带着成功的事业回来看老师，而那些原本看来有美好前程的孩子，却一事无成。这是怎么回事？

我常与同事一起琢磨，认为成功与在校成绩并没有什么必然的联系，但和踏实的性格密切相关。平凡的人比较务实，比较能自律，所以许多机会落在这种人身上。平凡的人如果加上勤能补拙的特质，成功之门必定会向他敞开。”

故事解析

美国前总统罗斯福说过这样一句话：“成功的平凡人并非天才，他资质平平却能把平平的资质发展成为超乎平常的事业。”

很多人都想做大事，所以从来不重视小事。而随着经济的发展，专业化程度越来越高，社会分工越来越细，真正意义上的大事实在太少。比如：一台拖拉机有五六千个零部件，要几十个工厂进行生产协作；一辆福特牌小汽车有上万个零件，需上百家企业生产协作；还有一架波音 747 飞机共有 450 万个零部件，涉及的企业单位更多。

因此，多数人所做的工作还只是一些具体的事、琐碎的事、单调的事，它们也许过于平淡，也许鸡毛蒜皮，但这就是工作，是生活，是成就大事不可缺少的基础。为人处世方面，都要注重细节，一个不愿做小事的人是不可能成功的。要想比别人更优秀，只有在每一件小事上比功夫。

故事穿越

有一家布置新颖的小餐厅，各个餐桌上都摆了一个颇有创意的牙签筒，颜色以“露露”的蓝、白色为基色，还印有“露露”的logo，并且表面绘有与露露杏仁露包装罐图案一致的图案，看似一件设计精美的艺术品。

除此之外，餐厅的墙上也挂了一个很有个性的店表。整个店表同样以蓝、白为基色，配以红色的表针，表面中上端印有“露露”的logo，下半部分印有“喝露露葆健康”“中国驰名商标”“美容养颜、调节血脂、调节非特异性免疫”（露露宣传广告语）等字样，整个店表浑然一体，没有丝毫的杂乱之感。

创意不分大小，小小的牙签筒上也可以大做文章。精美的设计、简洁的图案、明快的色彩，既为顾客的就餐消费提供了方便，又能让顾客赏心悦目，形成了“露露”品牌极强的品牌联想力与品牌亲和力。

据餐厅老板反映，露露牙签筒因设计精美、实用性强，存在比较严重的丢失现象，这说明露露的牙签筒很受欢迎。顾客吃完饭把牙签筒拿回家，家中来了客人也会看到，这样一传十、十传百，无形中就给露露扩大了宣传面儿，而“露露餐厅”以蓝、白为主色，红色为点缀，三色构成了“露露”宣传品的代表色，极易与周围餐厅的装潢风格融为一体，起到了一般宣传品所没有的装饰效果。

故事微语

或许有些企业并不重视细小的事情，但世界上凡是有一定知名度的服务企业都非常注重从细节上提高服务质量，而且还会制定明确的服务标准，比如：采用一切为顾客设想的服务方式，添置舒适的服务设施，重视提高员工的服务素质，努力为顾客提供细致入微，超越顾客期望的服务等。

一个细节或许是不起眼的，但很多细节串联起来的力量会延伸到无穷大。忽视了一个环节就有可能引起连锁反应，最终导致严重的后果。成功的经营在于从细小处着手，致力于从细小处创新，把顾客置于真正“正常”的位置，给他们一个优良的服务环境，才能达到经营的效果。

心灵箴言

少欲则心静，心静则事简。

——薛宣

不汲汲于富贵，不戚戚于贫贱。

——陶渊明

人见利而不见害，鱼见食而不见钩。

——李汝珍

祸患常积于忽微，而智勇多困于所溺。

——欧阳修

细节在竞争中占重要地位

故事话题

美国的赫博多年来都扮演着一个精明建筑商的角色，他喜欢周游全国，用规模越来越大的高层写字楼和公寓楼群给自己立下了一个又一个纪念碑。可“人有失手，马有失蹄”，后来他还是不幸破产了。

事后他在跟朋友一起交流时是这样说的：“在忍受出差去远方城市开发大项目带来的所有不适和不便的同时，我花费了大量的钱财。那是一个永远结束不了的噩梦：

“与飞机场行李搬运工、票务代理商、空姐、出租车司机和旅馆服务员频繁打交道，忙于进出宾馆以及处理商务差旅所带来的一切麻烦，我做好了这些细节，结果到头来却是竹篮打水一场空。如果这些年我呆在家里，每天只需要在我所住的那条街道上花一个小时来回散步，关注那些细微的变化，注意那些要出售的房产，几乎不用花费什么力气，我就可以轻而易举地赚到数百万美元。我需要做的只是买下那条街上出售的每一份房地产，然后等待机会将它们卖出去。当我耗心费力地在全国各地到处奔波的时候，我所住的那条街道的房地产升值了 10 倍还多。”

故事解析

赫博的故事说明一个道理：关键的细节在竞争中占主导地位。很多时候，只明确最终目标而缺乏理性的分析，最后放弃诸多细节问题，我们就会因为长时间没有实现目标甚至是惨败而气馁、自卑。

想要实现宏伟目标就得讲究一定的方法，可以尝试在大目标下分出层次，分步实现大目标，用细节优化人生进程。而每个细节能不能成功地连接起来，使人达到最终的理想，就要看我们怎样规划自己了。

首先，心中要拥有一个目标，目标能给人勇气，能在艰难困苦之际赋予人们坚韧不拔的毅力。有了具体目标的人少有挫折感。

其次，要坚定目标不放弃。目标是深藏在我们意识中的，即便从事别的工作，潜意识里也依然暗自思量对策。只要我们对目标坚定不移，就会在不知不觉之中接近目标。

最后，实现目标以循序渐进为宜，不能一蹴而就。如攀登阶梯一般，即便前途险阻重重也要自我勉励。很多事情当下无法实现，将来也许因为某个机缘巧合就能实现了。所谓“天助”就是当我们拟定目标努力实现之际，会觉得凡事都顺遂己意，当我们奋发图强积极进取时，一切都将变得称心如意。

故事穿越

某高校招聘教师，要从所有应聘者中留下一位最优秀的。几位应试者都做了精心的准备，上课铃响后，应聘者按次序分别微笑着走上讲台，师生互相致意之后，开始讲课。导入新课、讲授正文、总结概括、复习巩固……为了避免出错，每个应聘者都按照这个标准的讲课流程进行各项工作。一位应试者为了避免满堂灌，也效法前几位应试者设计了几道课堂提问。但由于题目设计得不高明，学生的反应并不是很好。下课时，这名应试者觉得自己的表现相比前几位要差一些，几乎没有成功的可能。

第二天，那位自认为不会被录取的应聘者出乎意料地接到了录用通知。惊喜之余，他问校长为什么选中了他。校长微笑着说："说实话，论那堂课的精彩程度，你的表现的确逊色于其他人。但是在课堂提问时，你表现出来的一个细节却足以令其他人自惭形秽。因为你叫的是学生的名字，不是他们的学号，更不是用手指。如果一位老师不愿意了解自己的学生，不尊重自己的学生，那么他怎么可能把学生教育好呢？你是唯一一个喊出学生名字的人，所以你是唯一的入选者。"

sinθ = y/x
cos = x/y
x

故事微语

生活中很多人自命不凡，但觉得运气不好，机会总也落不到自己头上，于是他们怨天尤人、满腹牢骚。其实并非上天故意跟谁过意不去，而是给人们更多自我完善的时间。

或许在别人看来，有些人非但没有卓越的才华，还常常把工作弄糟；不但待人没有礼貌，还经常自以为是。所以，只有相对完美的人才能无限接近自己的梦想，要想成大事，就必须注意细节。一个穷人很可能会因为机缘巧合而一夜暴富，但搬运工想成为哲学家，凡人想成为伟人，就没有那么简单了。

总之，一个人只有不断地追求才会有不断的进步；不断地行动才会不断接近成功的目的地；不断地积累才能有不断的提高；不断地积小步才会有跨大步的力量。

心灵箴言

世事洞明皆学问，人情练达即文章。

——曹雪芹

高尚的竞争是一切卓越才能的源泉。

——[苏格兰] 休谟

要想比别人更优秀，只有在每一件小事上比功夫。

——汪中求

注意细节其实是一种功夫,这种功夫是靠日积月累培养出来的。

——佚名

第三篇

端正态度：你越能重视它，它越会善待你

俗话说：“态度决定高度，细节决定成败。”这句话的确不假，因为在生活中一个人的态度常常可以决定这个人的高度，可以从细节中决定成功和失败。如果一个人只注重细节而不注重态度是不行的，如果只注重态度而不注重细节也必定会失败。所以态度和细节是分不开的，只有态度端正并且注重细节才会成功。

注重细节方可成就天才

故事话题

开学第一天，苏格拉底站在讲台上对他的学生们说：“今天大家只要做一件事就行，你们每个人尽量把胳膊往前甩，然后再往后甩。”说着，他先给大家作了一次示范。

接着他又说道：“从今天开始算起，每天都要抽时间做 300 下，大家能做到吗？”学生们都自得地笑了，心想这么简单的事谁会做不到呢？

转眼一年过去了，等到苏格拉底再次走上讲台询问大家的完成情况时，全班大多数人都放弃了，只有一个学生一直坚持着做了下来。这个人就是后来与苏格拉底老师齐名的古希腊大哲学家——柏拉图。

故事解析

上述故事说明了柏拉图认真做“小事”的态度，为他以后闻名世界，在哲学领域有所建树奠定了最起码的“精神基础”。

“这么简单的事，谁会做不到?”这是许多人都有的心态，他们没有把细节放在心上，一味地忽略。人世间最怕的就是“认真”二字，学有所长的成功者往往都是注重积累，认真把每一件微不足道的小事做好，所以才会得到与常人不一样的结果。

成功者从不认为他们所做的事是简单的小事，他们始终认为现在所做的“小事”是为今后的“大事”作准备，目光所及之处是十分辽阔的沃野，是浩瀚无边的大海。而在常人眼中，现在所从事的工作只是毫无生机的衰草和茫无目标的沙漠。

我们需要具备锲而不舍的精神，坚持到底的信念，脚踏实地的务实态度和自动自发、精益求精的责任心。小事如此，大事当然概莫能外。古语“一屋不扫，何以扫天下”，也是一个绝佳的佐证。如果你想飞得更快更高，那么就从眼前的“小事”做起吧。

故事穿越

三个人同去一家公司应聘采购主管，其中一人是某知名管理学院毕业的，另一位毕业于某商院，还有一位是一家民办高校的毕业生。或许在很多人看来，应聘的结果都是学历高的被录取，但事实却是相反的。

在应聘测试过程中，他们在专业知识与经验上各有千秋，难分伯仲。随后招聘公司总经理亲自面试，他提出了这样一道问题，题目为：假定公司派你到某工厂采购4999个信封，你需要从公司带去多少钱？

几分钟后，应试者都交了答卷。第一名应聘者的答案是430元，总经理问他：“你是怎么计算的呢？”“就当采购5000个信封计算，可能是要400元，其他杂费就算30元吧。”答者对应如流，但总经理却未置可否。

第二名应聘者的答案是415元，对此他解释道：“假设5000个信封大概需要400元左右，另外可能需用15元。”总经理对此答案同样没表态度。

当总经理看到第三个人的答卷上写着419.42元时眼前一亮，立即问：“你能解释一下你的答案吗？”“当然可以，”他自信地回答道，“信封每个8分钱，4999个是399.92元。从公司到某工厂乘汽车来回票价10元，午餐费5元，从工厂到汽车站有一里半路，请一辆三轮车搬信封，需用3.5元。因此，最后总费用为419.42元。”

听完解释总经理露出了满意的笑容，收起他们的试卷说：“好吧，今天到此为止，明天你们等通知。”结果就是民办高校的毕业生被录取了。

3.5

故事微语

工作是由无数琐碎、细致的小细节构成的，工作中的每一个人都是在无数的细节中创造不凡的业绩的，重视细节的态度无论对个人还是企业都是有益的。

《老子》第六十三章中有这样一句话："天下大事，必作于细；天下难事，必成于易。"从细节中可以看出一个人做事的耐心，还可以看出一个人的专业素质，任何事情都要从细节做起，否则就谈不上卓越的成就，更谈不上辉煌的人生。

不厌其烦地拾起细碎的石块，日积月累构筑起来的却是高耸雄伟的城堡。只有站在城堡俯瞰脚下的壮美景色时，你才会体味到小事是多么重要。

心灵箴言

欲要看究竟，处处细留心。

——宋帆

细节在于观察，成功在于积累。

——[美] 爱默生

细心观察是为了理解，透彻理解是为了行动。

——法国谚语

要测量一个人真实的个性，只须观察他认为无人发现时的所作所为。

——[英] 麦考莱

人生，因为微笑而变得绚烂

故事话题

卡耐基培训班的一位学员这样描述自己："在结婚18年的时间里，从早上起来到收拾好东西准备出门上班，我很少对自己的妻子微笑，有时甚至连句问候都没有。自己看上去是一个闷闷不乐的人。"后来，这位学员学习了微笑的用处，决定在家试一个礼拜再说。

第二天早上梳头的时候，他看着镜子里的自己说："威尔森，你今天一定要把脸上的愁云驱散开，你要记得微笑，现在就开始微笑！"当他坐下来吃早餐时，微笑着跟妻子打了声招呼："早安，亲爱的。"

去上班的时候，进了单位他会向门口的警卫微笑着打招呼；乘坐电梯时，他会微笑着向电梯管理员问好；下班坐地铁回家时，他还会微笑着问地铁的出纳小姐换零钱；而当他到公司后，还会对那些以前从没见过他微笑的同事们微笑。他说："我发现在我对别人微笑时别人也愿意用同样的微笑反馈给我。当面对满腹牢骚的人时，我以一种愉悦的态度一边听着他们的牢骚，一面微笑着，于是问题就更容易解决了。我发现微笑带给我更多的收入，每天都带来更多的钞票。"

故事解析

微笑是人类宝贵的财富，它既是自信的标志又是礼节的象征。人们往往会根据他人的表情来判断要用什么样的态度面对自己下一步要做的事。现实的工作、生活中，假使有人对你满面冰霜、横眉冷对，另一个人却对你面带笑容、温暖如春，你会毫不犹豫地选择与后者共事。

微笑是成功者的先锋。如果行动比语言更具有力量，那么微笑就是无声的行动，一个亲切的微笑就像是在对别人说：“你使我快乐，我很高兴见到你。”懂得微笑的人，生活会充满希望。因为笑容是人们传递好意的信使，灿烂的笑容可以透过自己照亮别人。没有人愿意信任和帮助整天愁容满面的人，很多人在社会上站住脚是从微笑开始的，还有的在社会上获得了极好的人缘，也是从微笑开始的。

任何一个人都希望自己能给别人留下好印象，这种好印象可以创造出一种轻松愉快的气氛，可以使彼此结成友善的联系。一个人在社会上就是要靠这种关系才可立足，而微笑正是打开愉快之门的金钥匙。只要人人都献出一份微笑，办事将不再感到为难，人与人之间的沟通将变得十分容易。

故事穿越

有人做了一个有趣的实验，以证明微笑的魅力。

他给两个人分别戴上一模一样的面具，上面没有任何表情。然后他问观众最喜欢哪一个人，答案几乎一样：一个也不喜欢，因为那两个面具都没有表情，他们无从选择。

他要求两个模特儿把面具拿开，现在舞台上有两张不同的脸，他要其中一个人愁眉不展并且一句话也不说，另一个人则面带微笑。

他再问每一位观众："现在你们对哪一个人最有兴趣？"答案还是一样的，他们选择了那个面带微笑的人。

故事微语

一个人面带微笑时远比他衣着华贵更有吸引力、更容易受人欢迎，因为微笑是一种宽容、一种接纳，它缩短了彼此的距离，使人与人之间心灵相通。喜欢微笑着面对他人的人，往往更容易走入对方的天地。如果微笑能够真正地伴随着你生命的整个过程，这会使我们超越很多自身的局限，使我们的生命自始至终生机勃发。

用你的笑脸去欢迎每一个人，你就会成为最受欢迎的人。以下有几个方法可供参考：

首先，你要学习与每一个人融洽地相处，表现出你的随和与合作精神。面对别人的时候，不要忘记你的笑容与热忱的招呼，还要多与对方进行眼神接触，在适当的时机赞美一下他们的长处。

其次，假如你不得不对某人的表现予以批评，你的措辞也要十分小心。先把对方的优点说出来，令他对你产生好感后，他才会接受你的建议，还会视你为他的知己良朋。

再次，人人都会遇到情绪低落的时候，你要努力控制自己的脾气，切勿把心中的闷气发泄到别人的身上，这是自找麻烦的愚蠢行为。没有人会愿意跟一个情绪化的人相处，更不会对他期望过高。所以，替自己建立一个随和而善解人意的形象，这是成功的重要因素之一。

心灵箴言

微笑乃是具有多重意义的语言。

——[瑞士] 卡尔·施皮特勒

真正值钱的是不花一文钱的微笑。

——[英] 查尔斯·史考勃

忘记了它而微笑，远胜于记住它而愁苦。

——[美] 罗西塔

生活就是面对真实的微笑，就是越过障碍注视将来。

——[法] 雨果

当生活像一首歌那样轻快流畅时，笑颜常开乃易事；而在一切事都不妙时仍能微笑的人，才活得有价值。

——[德] 威尔科克斯

细节，让生活变得安定有序

故事话题

格兰特将军功成名就之后有一次回忆说，当年妈妈让他到邻居家去借黄油，路上偶然听到有人在念一封信说西点军校正在招生，于是他就将借黄油的事儿抛在了脑后，径直去西点招生处申请去西点的名额。

这次大好机会使格兰特有幸接受了正规的军事教育，从而为他日后在国家的危机中大显身手奠定了基础。事后他经常说一切都要感谢妈妈，是借黄油这件小事使得自己成了将军的，后来他还当上了总统。

故事解析

查尔斯·狄更斯的作品《一年到头》中写道：“有人曾经被问到这样一个问题：‘什么是天才?’他回答说：‘天才就是注意细节的人。’”拥有大智慧的人总是能够以小见大，从平淡无奇的小事中参悟深邃的哲理、找到发展的机会。

漫漫人生路，机会无处不在，但最重要的是我们对机遇的看法。机遇悄然而降，稍纵即逝，稍不留心就会离你而去，不论你怎样扼腕叹息都不能阻止它的一去不返。更有甚者还会大意到浑然不觉机会曾经光顾过自己，任其跟自己擦肩而过。

所以，对于每一个有理想的人来说，要想取得成功就一定要擦亮自己的双眼，这样才能够在机遇到来的时候伸出自己的双手，抓住并掌握机遇。

故事穿越

美国希尔顿大酒店在调查中发现，一半以上的旅客最介意的问题是在旅馆住宿会睡不着觉，因为他们都有“认床”的习惯，周遭环境一旦改变就难以入眠。为此酒店和全美睡眠基金会达成了协议，联合研究是哪些因素使人们在新环境下难以入眠，得出结论后对症下药，为大家消除这些因素。

从 1995 年 3 月起，美国希尔顿大酒店就运用上了不同的隔音设备，还为顾客配用不同的床垫、枕头等，欢迎顾客试用。通过一段时间的试验，基本上适合所有旅客的办法被他们研究出来了，解决了一些人换床后睡不着的问题。

故事微语

捕捉机遇需要我们做到独具慧眼、处处留心。任何我们想象不到的地方都有可能蕴藏着机遇，只要我们平时仔细留心身边的每一件小事，成功的几率就会更大一些。因为古今中外的成功人士都有一个注重细节的习惯，他们对什么事情都极其敏感，能够从许多平凡的生活事件中发现很多成功的机遇。

处处留心皆机遇。我们要做生活中的有心人，这样机会就来得比我们想象得还要多，还要突然。只有留心、用心的人才有可能在机会来临的一瞬间捕捉到它。

心灵箴言

一切推理都必须从观察与实验中得来。

——[意大利] 伽利略

天下难事，必做于易；天下大事，必做于细。

——老子

应当细心地观察，为的是理解；应当努力地理解，为的是行动。

——[法] 罗曼·罗兰

成为一个能记住他人姓名的人

故事话题

吉姆法里是一个有上进心的人，他虽然从没进学校念过书，但是通过努力依然能在 46 岁之前获得四所学院授予的荣誉学位，并且成了民主党全国委员会的主席、美国邮政总局局长。他成功的秘诀很简单，就是拥有记住多人姓名的本领。

曾经有人向他请教说："听说你可以记住 1 万个人的名字，是真的吗？"

吉姆法里回答说："不，你弄错了，我能叫出 5 万个人的名字。我是在为一家石膏公司推销产品时学会的这一套记住别人名字的方法。"

随后他解释说这是一个极其简单的方法。每当他新认识一个人时，就问清楚他的全名、家里的人口，以及干什么行业、住在哪里。他把这些信息牢牢地记在脑子里，即使一年后也能做到拍拍别人的肩膀，询问他太太和孩子的情况。这种本事帮他获得了很多人的拥护。

罗斯福竞选总统时，吉姆法里每天都要给遍布西部和西北部各州的熟人写好几百封信。写完后他跳上火车，每到一个市镇都会跟他认识的人一起吃饭喝茶，向他们吐露一番"肺腑之言"。结果不言而喻，他帮罗斯福获得了众多的选民，入主白宫。

故事解析

吉姆法里曾说："记住别人的名字而且轻松地叫出来，就等于给别人一个巧妙而有效的赞美。因为我很早就发现，人们对自己的姓名看得惊人的重要。"也许这就是吉姆法里成为邮政局长的奥秘之一，他看到了人性的一个弱点：对自己的名字是如此重视。同时，我们应当意识到：如果你不重视别人的名字，别人也不会重视你的名字。

名字是一个人的记号，代表着一个人的荣与辱、成与败、高贵与卑贱等涵义。西方政治家要学习的第一课是：记住选民的名字就是政治才能。因为对于一个人来说，名字是所有语言中最突出、最动听的声音，清清楚楚地把它叫出来，就是对他的赞美，就会获得他人的好感。获得了他人的好感，你成功的几率就成倍增加。

故事穿越

安祖·卡耐基曾经抓到一窝小兔子，但是没有东西喂给它们吃。他想出了一个绝妙的主意，并对周围的孩子们说："你们谁能给兔子弄点吃的来，我就以你们的名字给小兔子命名。"这个方法很灵验，孩子们都表现得很积极，卡耐基一直忘不了。当卡耐基为了卧车生意和乔治·普尔门竞争的时候，他又想起了这个故事。

当时，卡耐基的中央交通公司正跟普尔门的公司争夺联合太平洋铁路公司的卧车生意，双方互不相让，大杀其价，使得卧车生意毫无利润可言。后来，卡耐基和普尔门都到纽约去拜访联合太平洋铁路公司的董事会。

有一天晚上，他们在一家饭店碰头了。卡耐基说："晚安，普尔门先生，我们别争了，再争下去岂不是自己出自己的洋相吗？"

"此话怎讲？"普尔门问。于是卡耐基把自己早已考虑好的决定告诉他，就是把他们两家公司合并起来，他把合并而不是竞争的好处说得天花乱坠。普尔门仔细地听着，但是他并没有完全接受。最后他问："这个新公司叫什么呢？"

卡耐基毫不犹豫地说："当然叫普尔门皇宫卧车公司。"普尔门的面孔一亮，马上说："请到我房间来，我们来讨论一下。"这次讨论翻开了一页新的工业史。

故事微语

上述故事中如果换作一个不重视别人名字的人，事情的结果又会是什么样的呢？多半连商量的余地都没有了。一个只在乎自己单方利益而忽略别人感受的人，很难做成大事。而卡耐基的豁达跟敏锐实现了两家公司双赢的局面，将双方的利益都扩大了，这是最明智的作为。

如果有一天你把别人的名字全忘掉了，那么你也很快会被人们遗忘。记住别人的名字对他人来说，是所有语言中最甜蜜、最重要的声音。相反地，如果有人能清楚地喊出你的名字，你也会异常的高兴，在态度等方面就会变得很亲切。

心灵箴言

人人为我，我为人人。

——[法] 大仲马

土扶可城墙，积德为厚地。

——李白

行一件好事，心中泰然；行一件歹事，衾影抱愧。

——神涵光

不患位之不尊，而患德之不崇；不耻禄之不夥，而耻智之不博。

——张衡

形象是一个人最鲜活的名片

故事话题

美籍德意志人的领袖卡尔·舒尔茨是林肯的朋友，他在回忆与林肯初次见面的情形时这样描述道：“火车离开一个小站后，乘客中间突然骚动起来。人们从座位上跳起来，迫不及待地围住一个刚上车的高个子男人，用老熟人的口气向他打招呼：‘嗨，亚伯，你好吗？’他热情地回答：‘晚上好，本！你好啊，约翰！看见你真高兴，迪克！’

他不知说了点什么，又引起一阵欢笑。车厢里声音太杂，我听不清他说的话。我的同伴认出了他，叫了起来：‘哎哟！这就是林肯，是他，没错！’他挤过人群，把我介绍给亚伯拉罕·林肯，这是我第一次和他见面。

他对我说话的口气又随和又亲切，好像我们是老相识似的，然后我们一起就坐。他话音很高，又很悦耳，他的模样、朴实无华的言辞，没有一丁点矫揉造作，也没有任何优越感，让我感到我们好像从小就认识、早就是好朋友。我们交谈时，他经常在谈话里插进新奇的故事，每个故事都切合当时的话题……”

故事解析

从舒尔茨的描述中，我们能找出许多良好的沟通品质。不仅如此，思维敏捷的林肯还懂得怎样同那些来意不善的人打交道。交谈是人与人之间交流思想、沟通情感和增进友谊的一种手段，因此交谈是人们生活中一个重要的组成部分。

愉快而成功的交谈不仅有利于人们在交际中达到预期的效果，而且也能使人获得一种精神享受。但是爱说话的人不一定善于与人交流，而不健谈的人也未必不受人欢迎。奥妙就在于是否懂得“交谈规则”，即懂得怎样尊重与之交谈的对方，这样才能交谈得有效、有益而愉快。

故事穿越

玛丽·凯·阿什是美国著名的企业家，她是退休后创办化妆品公司的。开业时，雇员仅仅10人，20年后发展成为拥有5000人，年销售额超过5亿美元的大公司。玛丽·凯·阿什在其垂暮之年为何能取得如此巨大的成就？她说她是从懂得真诚握手开始的。

玛丽·凯·阿什在自主创业之前曾在一家公司当推销员。有一次，开了整整一天会之后，玛丽·凯·阿什排队等了3个小时，希望同销售经理握手。可是销售经理同她握手时，手只与她的手碰了一下，连瞧都不瞧她一眼，这极大地伤害了她的自尊心，工作的热情再也调动不起来。她下定决心："如果有那么一天有人排队等着同我握手，我将把注意力全部集中在站在我面前同我握手的人身上——不管我多么累！"

果然，从她创办公司的那一天开始，她多次同数人握手，总是记住当年所受到的冷遇，公正、友好、全神贯注地与每一个人握手，结果她的热情与真诚感动了每一个人，许多人因此心甘情愿地与之合作，于是她的事业蒸蒸日上。

故事微语

俗话说，“人靠衣裳马靠鞍”，外在的形象对一个人的发展起着至关重要的作用。在人生的旅途上，一双合适的鞋子能让你轻松上路，步行愉快幸福，一路顺畅。可是如果鞋里有沙子，你走起路来就会磕磕碰碰、极不舒服。一个良好的形象就是一双合适的鞋子，让你的职业之路走得顺畅；而不良的形象则是鞋底之沙，让你十分难受。总之，形象在人际交往、职业发展中，都起着重要的作用。

握手是很有学问的。美国著名盲聋作家海伦·凯勒写道：“我接触的手，虽然无言，却极有表现力。有的人握手能拒人千里。我握着他们冷冰冰的指尖，就像和凛冽的北风握手一样。也有些人的手充满阳光，他们握住你的手，使你感到温暖。”

为了在这轻轻一握中，传达出热情的问候、真诚的祝愿、殷切的期盼、由衷的感谢，我们有必要把握握手的分寸，掌握握手的细节。

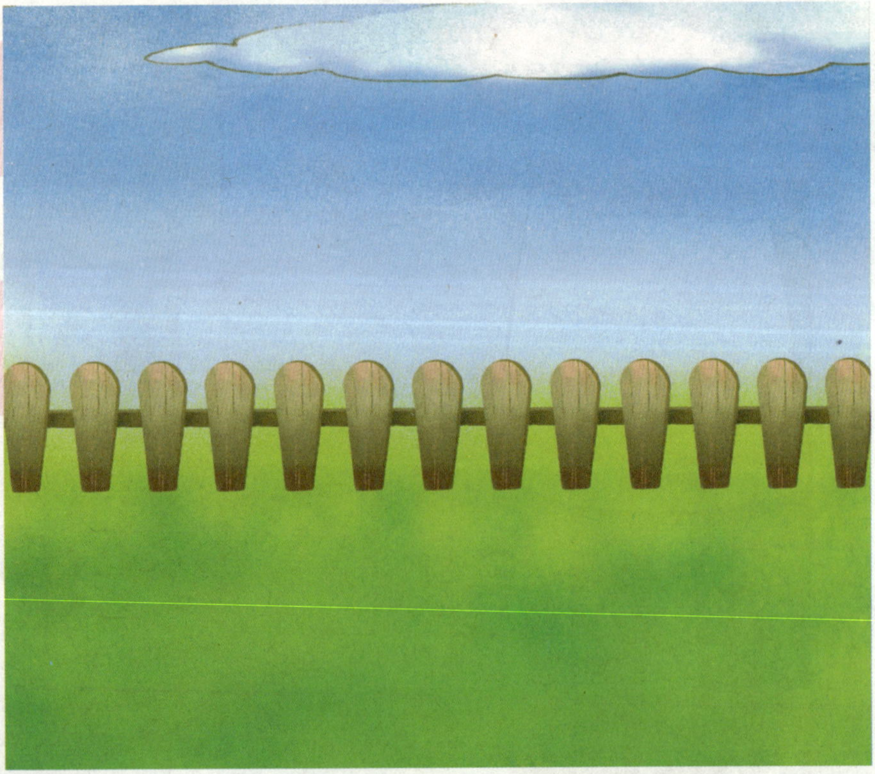

心灵箴言

美貌与痛苦携手并肩，共同走向生命的终点。

——[英] 丁尼生

千万不要华丽低俗，因为从衣服上往往可以看出一个人。

——[英] 莎士比亚

只有一个人的心灵和性格睡着的时候，人们才会注意到他的服饰。

——[美] 爱默生

美貌和魅力原是两种重要的东西，幸而不是所有的美女全都有魅力，往往是相貌平常的女人反而倒另有一种妩媚之处。

——[美] 马克·吐温

第四篇

以小见大：别轻视那些看似无谓的细小

太平洋是由一滴一滴水汇集而成的，撒哈拉沙漠是由一粒一粒沙集结而成的，喜玛拉雅山是由一颗一颗石子组合而成的，而生活可能就是由一张纸片，一杯热茶，一声问候，一个微笑，一个简单的动作记录而成的。热爱生活就应该热爱细节。热爱生活的一点一滴。所以，忘记轰轰烈烈，忘记惊天动地，忘记扬名立世，然后记住平凡，记住简单，记住微小，我们就会发现，生活并不是一束白光，而是有赤橙黄绿青蓝紫七种甚至更多的颜色。

一滴水也能映出太阳的光辉

故事话题

张先生在“宝岛眼镜连锁店”的两次经历让他在商业氛围中产生了真正的“感动”。第一次是在 2005 年 5 月初，那时张先生刚从南方来到现在工作的城市，对这个城市还不大了解。

一天他路过“宝岛眼镜”，想起自己的眼镜架最近几天有点紧，压迫着太阳穴很不舒服，径直走了进去。刚进门，店内服务人员就向他问好，并询问他需要什么帮助。说明来意之后，服务人员把他领到一个柜台前，告知该柜台可以提供所需要的服务。

由于柜台旁人很多，服务人员便让他坐在柜台附近的椅子上。坐下不久，服务人员端来一杯微微冒着热气的茶水微笑着说：“先生，先喝杯茶，桌子上的杂志您可以翻阅翻阅。很快就可以轮到你的。”

张先生一边道谢一边接过服务人员手中的纸杯，于是一边喝水一边翻阅杂志。没等多久就轮到了他，工作人员耐心地为他调整眼镜架的宽度，一次次试戴，直到他的感觉舒适为止。他很为工作人员发自内心的真诚感动，甚至感觉自己真地做了一回“上帝”。于是他提出付费，工作人员却微笑着说：“这些服务是免费的。”

2004 年 1 月上旬，张先生的镜架又出现不适的感觉，想起宿舍附近也有一家“宝岛眼镜”，便打算第二天去修一修。但是考虑到服务免费的问题，又有一些说不出的难为情。不过想到镜架价值较高，最终还是决定去“宝岛眼镜”维修镜架。

恰巧，第二天天气很冷，走进“宝岛眼镜”同样是一张张笑脸。询问可以提供什么样的帮助后，带领他到相关柜台，并搬来椅子让他坐下。不到一分钟，一位先生端来一杯热茶。张先生端在手中，明显地感觉到温度高于2003年5月那杯，联想到当天的室外温度，张先生顿时明白了这杯茶的温度所蕴涵的真诚：细微之处替顾客着想。

一想到此，另一种决定油然而生：下一次配镜一定选择“宝岛眼镜”。这是他发自内心的感动和决定，就像“宝岛眼镜”的真诚服务来自心灵深处一样。

故事解析

假如一滴水也能映出太阳的光辉，那么故事中的一杯水就能在每个来客的心里生出一道彩虹。做人做事都不可忽略细节，如果把一个人或一个企业的成功比作他的框架和骨骼，那么所有涉及到的细节就是他的血肉，来源于生活母体的活性细胞。一个人往往因为好多优秀的细节筑就了良好的人品与德行，一个企业也会因为做好细节而收获公众的好评。

泰山不拒细壤，故能成其高；江海不择细流，故能就其深。由于对细节问题高度重视而长盛不衰的优秀企业数不胜数，比如中国的联想、海尔，国外的肯德基、麦当劳、丰田、奔驰等。这些企业的精细化管理程度之高，在有些人看来几乎到了苛刻的地步。但是正是他们细致入微的管理和他们关注细节、把小事做细的精神，才给他们的企业带来了信誉和利益，才造就了他们今天的成功和地位。

故事穿越

1984 年，在东京国际马拉松邀请赛中，名不见经传的日本选手山田本一出人意料地夺得了世界冠军。当记者问他凭什么取得如此惊人的成绩时，他说了这么一句话："凭智慧战胜对手。"当时许多人都认为这个偶然跑到前面的矮个子选手是在故弄玄虚，马拉松赛是比拼体力和耐力的运动，只要身体素质好又有耐性就有望夺冠，爆发力和速度都还在其次，说是用智慧取胜确实有点勉强。

两年后，意大利国际马拉松邀请赛在意大利北部城市米兰举行，山田本一代表日本参加比赛，这一次他又获得了世界冠军。记者又请他谈谈经验，山田本一不善言谈，回答的仍是上次那句话："用智慧战胜对手。"这回记者在报纸上没再挖苦他，但对他所谓的智慧迷惑不解。

10 年后，这个谜终于被解开了。他在自传中是这么写的："每次比赛之前，我都要乘车把比赛的线路仔细地看一遍，并把沿途比较醒目的标志画下来。比如第一个标志是银行，第二个标志是一棵大树，第三个标志是一座红房子……这样一直画到赛程的终点。

"比赛开始后，我就以百米的速度奋力地向第一个目标冲去，等到达第一个目标后，我又以同样的速度向第二个目标冲去。40 多公里的赛程就被我分解成这么几个小目标轻松地跑完了。起初我并不懂这样的道理，我把我的目标定在 40 多公里外终点线上的那面旗帜上，结果我跑到十几公里时就疲惫不堪了，我被前面那段遥远的路程给吓倒了。"

故事微语

或许目标离我们很遥远，只要我们将路程划分为几小段，每到一处都是阶段性的胜利，那么我们就能带着美好轻松的心情不断地接近将要到达的目的地。这一点一滴的付出都在为我们点亮人生的希望，宛如阳光般温暖、柔和。

我们都是平凡人，但是只要我们抱着一颗平常心用水滴石穿的耐力踏踏实实去做事，最终获得成功的机会不会比天资优异的人少。皮尔·卡丹曾说："真正的装扮就在于你的内在美。越是不引人瞩目的地方越是要注意，这才是懂得装扮的人。因为只有美丽而贴身的内衣，才能将外表的华丽装扮更好地表现出来。"皮尔·卡丹的装扮理论用在工作上同样富有哲理，愈是不显眼的地方越要不怕麻烦，好好地表现，这才是成功的关键。

不要小看自己所做的每一件事，即便是最普通的事也应该全力以赴、尽职尽责地去完成。小任务顺利完成有利于你对大任务的成功把握，一步一个脚印地向上攀登便不会轻易落伍。通过工作获得真正力量的秘诀就蕴藏在其中。

心灵箴言

致广大而尽精微。

——《中庸》

小事成就大事，细节成就完美。

——[美] 戴维·帕卡德

1%的错误会带来 100%的失败。

——[美] 约翰·戴维森·洛克菲勒

一个不经意的细节，往往能够反映出一个人深层次的修养。

——汪中求

清除鞋子里的那一粒沙

故事话题

寺庙中的两个小和尚为了一件小事吵得不可开交。一个小和尚怒气冲冲地去找方丈评理，方丈在静心听完他的话之后，郑重其事地对他说："你说得对！"于是这个小和尚得意洋洋地跑回去宣扬。

另一个小和尚不服气，也跑来找方丈评理。方丈在听完他的叙述之后，也郑重其事地对他说："你说得对！"

第二个小和尚满心欢喜地离开后，一直跟在方丈身旁的一个小和尚终于忍不住了，他不解地向方丈问道："方丈，您平时不是教我们要诚实，不可说违背良心的谎话吗？可是您刚才却对两位师兄都说他们是对的，这岂不是违背了您平日的教导吗？"

方丈听完之后，不但一点也不生气，反而微笑地对他说："你说得对！"第三位小和尚此时才恍然大悟，立刻拜谢方丈的教诲。

故事解析

生活中，我们要学这位方丈，凡事都以"你说得对"来先为别人考虑，很多不必要的冲突与争执就可以避免了，生活也一定会变得轻松起来。

当你被别人误会或受到别人指责时，如果你偏要反复解释或予以还击，结果就有可能越描越黑，事情越闹越大。最好的解决方法是不妨把心胸放宽一些，没有必要去理会。凡事都要争个是非的做法并不可取，有时还会带来不必要的麻烦或危害。

故事穿越

战国时期，秦国国富民强、气势最盛。秦武王以为从此可高枕无忧，便以骄色示人。一位谋士见势态不妙，便进言提醒武王道："诗曰，'行百里者半九十´，指的是把持到最后关头的困难。今天的霸业是否能成，还得看各方诸侯是否出力。然而大王现在就沾沾自喜，以骄色见人，而忽视图霸的准备，若让他国知道了，受诸侯攻击的恐怕非楚而秦了。"

秦武王虽精于政治，但是由于听不进谋士的忠言，其霸业也只维系了短短的四年。唐太宗李世民则不同，他常对左右说："治国之心犹如治病。病人希望尽快痊愈，求医心切。如果病人能认真听从医生的嘱咐，配

合治疗，病就痊愈得快；反之，恐怕就要使病情恶化，甚至丧命。治国也是同理，要想保持天下安定，就得事事谨慎；若在关键细节上有疏忽，必招亡国之祸。现在天下的安危全置于我一人肩上，因此，我要慎重地警惕自己。即使歌功颂德，我还需检点自己的言行，加紧努力。但是，只靠我一人是难有作为的，希望你们能做我的耳目，发现我有过失，请直言无妨，君臣之间如有疑惑而不说，对治国是极其有害的。”

唐太宗的开明引出了善谏的魏征，后来出现了历史上有名的“贞观之治”。

故事微语

世上的事情都有一个恰到好处的分寸，有一分谨慎就有一分收获，有一分疏忽就有一分丢失。十分谨慎就完全成功，完全疏忽就会彻底失败。办事应十分讲究谨慎用心。

许多人在办事时都是开始比较谨慎，过不了多久就松懈下来了。有的人对大事、难事比较谨慎，对小事、容易事就疏忽。生活中常常有因忽略小事而酿成大祸的惨痛教训，到了困难的事情面前一筹莫展。如果不想失败，就要十分谨慎。尤其在事物进展到尾声时切勿疏忽大意，以防前功尽弃。

心灵箴言

只有永远躺在泥坑里的人，才不会再掉进坑里。

——[德] 黑格尔

专心于健康的事越少，变为不健康的倾向的危险就越大。

——狄更斯

每一种挫折或不利的突变，是带着同样或较大的有利的种子。

——[美] 爱默生

清新、健康的笑，犹如夏天的一阵大雨，荡涤了人们心灵上的污泥、灰尘及所有的污垢，显露出善良与光明。

——[苏联] 高尔基

不因事情太小就不去做

故事话题

1979 年夏天，一位从东北来京出差的顾客上衣的一只纽扣脱落了，到“天桥”来买一个一分钱的纽扣。正值傍晚时分，百货柜台前顾客云集，业务繁忙。可售货员照样热情地接待这位只买一分钱东西的顾客，先是精心替他挑了一只一分钱的纽扣，然后又拿出针线替他把纽扣缝好，说了声“欢迎您下次再来”，这才去接待别的顾客。

第二天，这位顾客又来了，还带来了 5 个伙伴。他们一起来到商场党支部，向书记、经理表达了他们的谢意。然后又在“天桥”买了两块手表、两套服装，还有一些其他商品，一共花了 550 元。买纽扣的那位顾客还特意把手中的笔记本递到那位售货员的跟前，指着其中的“备忘录”说：“这两块手表是别人托我买的，您看看，本上写着让我上‘亨得利’去买，可我要在你们‘天桥’买。你们的服务态度好，叫人信得过！”

故事解析

一个商场经营成败与否不仅仅在于商品的质量好坏、样式多寡和管理是否有效上，售货员的服务是至关重要的，他们服务的好与坏对一个百货商场的经营起到生命线作用。顾客都喜欢去售货员服务热情的商场购物，就是由于这种热情服务，给商场赢得了多少固定客户和回头客呀。

这就是细节的魅力，只要您能够以细心的态度和真诚的服务去关注和满足客户需要的每个细节，即使是一个微笑、一束鲜花也会为您带来非常的惊喜，非常的效益。

故事穿越

乔·吉拉德认为卖汽车时人品重于商品，一个成功的汽车销售商肯定有一颗尊重普通人的爱心，他的爱心体现在他的每一个细小的行为中。

有一天，一位中年妇女从对面的福特汽车销售商行走进了吉拉德的汽车展销室，她说自己很想买一辆白色的福特车，就像她表姐开的那辆，但是福特车行的经销商让她过一个小时之后再去，所以先过这儿来瞧一瞧。

“夫人，欢迎您来看我的车。”吉拉德微笑着说。妇女兴奋地告诉他：“今天是我55岁生日，想买一辆白色的福特车送给自己作为生日的礼物。”“夫人，祝您生日快乐！”吉拉德热情地祝贺道。随后，他轻声地向身边的助手交代了几句。

吉拉德领着夫人从一辆辆新车面前慢慢走过，边看边介绍。在来到一辆雪佛莱车前时他说：“夫人，您对白色情有独钟，瞧这辆双门式轿车，也是白色的。”就在这时，助手走了进来，把一束玫瑰花交给了吉拉德。他把这束漂亮的鲜花送给夫人再次对她的生日表示祝贺。

那位夫人感动得热泪盈眶，非常激动地说：“先生，太感谢您了，已经很久没有人给我送过礼物。刚才那位福特车的推销商看到我开着一辆旧车，一定以为我买不起新车，所以在我提出要看一看车时，他就推辞说需要出去收一笔钱，我只好上您这儿来等他，现在想一想，也不一定非要买福特车不可。”就这样，这位妇女就在吉拉德这儿买了一辆白色的雪佛莱轿车。

故事微语

正是这许许多多细小行为为吉拉德创造了空前的效益，使他的营销取得了辉煌的成功。他被《吉尼斯世界的纪录大全》誉为“全世界最伟大的销售商”，创造了12年推销13000多辆汽车的最高纪录。有一年，他曾经卖出汽车1425辆，在同行中传为美谈。

故事告诉我们一个道理：你对你的客户服务愈周到，他们就愈会和你保持良好的关系；你提供的服务越细致、越全面，顾客对你的印象就越深刻。

心灵箴言

一室之不治，何以天下家国为?

——刘蓉

成功始于重视小事，失败缘于忽视细处。

——《成败训》

在中国，想做大事的人很多，但愿意把小事做细的人很少；我们不缺少雄韬伟略的战略家，缺少的是精益求精的执行者；决不缺少各类管理规章制度，缺少的是对规章条款不折不扣的执行。我们必须改变心浮气躁、浅尝辄止的毛病，提倡注重细节、把小事做细。

——卢瑞华

积极点，简单事情也可做到极致

故事话题

当宝洁公司刚开始推出汰渍洗衣粉时，市场占有率和销售额以惊人的速度向上飙升。可是没过多久，这种强劲的增长势头就逐渐放缓了。宝洁公司的销售人员非常纳闷，虽然进行过大量的市场调查，但一直都找不到销量停滞不前的原因。

于是，宝洁公司召集了很多消费者开了一次产品座谈会。会上有一位消费者说出了汰渍洗衣粉销量下滑的关键，他抱怨说："汰渍洗衣粉的用量太大。"

宝洁的领导们忙追问其中的原由，这位消费者说："你看看你们的广告，倒洗衣粉要倒那么长时间，衣服是洗得干净，但要用那么多洗衣粉，算计起来更不划算。"

听到这番话，销售经理赶快把广告找来算了一下展示产品部分中倒洗衣粉的时间，一共 3 秒钟，而其他品牌的洗衣粉广告中倒洗衣粉的时间仅为 1.5 秒。

水泥

故事解析

广告上细小的一点疏忽，对汰渍洗衣粉的销售和品牌形象造成了严重的伤害，这说明细节的重要性可以直接影响事情的结果。

这是一个细节制胜的时代，对于自己的工作无论大小都要了解得非常透彻，数据应该非常准确，事实也应该非常真实，这样才能脚踏实地完成宏伟的目标。

美国绝大部分企业家都知道一些十分精确的数字：比如全国平均每人每天吃几个汉堡包、几个鸡蛋。之所以要了解得这么清楚，是因为他们想确保细节上多方面的优势，不给竞争者可乘之机，哪怕是一些细枝末节的漏洞。只要保证产品在一比一的竞争中获胜，那么整个市场的绝对优势就形成了，而这些恰恰是市场拓展的精髓所在；要打败对手，唯有做到比对手更细。

故事穿越

刘萌是一家公司的普通职员。新的一天的工作开始了，他打开昨天没有做完的文案。“今天一定要把这个文案做完！不能再拖了。”刘萌咬着牙默默地念叨着，这份文案已经做了一个星期了，到现在还没有出结果。

“可是？”刘萌犹豫了起来，“做文案可是需要静下心来，在没有任何干扰的情况下，才能有真正的创意和灵感。我还是先把一些杂事处理掉再做吧。”于是刘萌准备给两位好久没有联系的客户打电话。

刚拿起电话的听筒，刘萌突然想，邮箱里的邮件也该查了，要不先看看邮箱吧。脑子里冒出来的这一大堆事情搞得刘小明心烦意乱，他一会儿觉得该做这个，一会儿又觉得该做那个，在心里衡量来衡量去，似乎又觉得先做哪个都不合适。

时间一分一秒地过去了，转眼就是整整 1 个小时。刘萌一会儿打开电脑中的这个文件夹，一会儿又打开那个文件夹，一会儿拿起电话，一会儿又查看邮箱。一个上午过去了，刘萌的文案还是没有丝毫进展，并且弄得自己很烦躁。

故事微语

生命的意义不在于长短，而在于动人而永恒的细节储存了多少。细节是一个平凡并且微不足道的举动，当时好像并不曾留下什么惊心动魄的烙印，可经过岁月的流逝，有些细节静悄悄地在你的潜意识中扎下了根，融进了你的血液中，深深地钻进了你的梦中。

每当你闭上眼，生活中这一个个动人的细节都会从冬眠中苏醒过来，串成一个个趣味横生的故事。我们要乐观积极一点，任何事情都会变得简单，简单的事情也可以做到极致，最后我们把所有的成就串联在一起，就是我们成功的一生。

心灵箴言

天下大事当于大处着眼，小处下手。

——曾国藩

不放过细节。无视细节的企业，它的发展必定在粗糙的砾石中停滞。

——[日] 松下幸之助

巨大的建筑，总是由一木一石叠起来的，我们何妨做做这一木一石呢？我时常做些零碎的事，就是为此。

——鲁迅

一旦我们不停地关注那些我们能够完成的小事，不久我们就会惊奇地发现，我们不能完成的事情实在是微乎其微。

——[英] 塞缪尔·巴特勒

从细节中来，到细节中去

故事话题

王老板平日里常常卖纸，纸的分量很重，不能在楼上堆货，只好把东西都放在一楼，所以王老板很怕雨天存积水。每到大雨天，王老板都不眠不休，盯着门外的积水看，所幸回回有惊无险，正要淹进门的时候，雨就停了。

这样的日子持续了多年，有一天飓风来袭，除了下雨还有河水泛滥，门前一下子成了条小河。转眼水位就漫过了门槛，王老板连沙包都来不及堆，店里几十万的货已经泡了汤。

王太太、店员、甚至王老板才十几岁的儿子都出动了，试着抢救一点纸，问题是纸会吸水，从下往上一包渗向一包，而且外面的水还不断往店里灌。

大家正不知所措，却见王老板一个人冒着雨、趟着水出去了。“大概是去找救兵了。”王太太说。而几个钟头过去，雨停了、水退了，才见王老板一个人回来。这时候就算他带几十个救兵回来又有何用，店里所有的纸都报销了，又因为沾上泥沙，就算免费送去回收纸浆，纸厂都不要。

王老板收拾完残局就搬家了，搬到一个老旧公寓的一楼。他依旧做纸张的批发生意，而且一下子进了比以前多两三倍的货。

“他是没淹怕，等着关门大吉。”有职员私下议论。果然，又来台风，又下大雨，河水又泛滥了，而且比上次更严重。好多路上的车子都泡了

汤，好多地下室都成了游泳池，好多人不得不爬上屋顶。

王老板一家人站在店门口，左看，街那头淹水了；右看，街角也成了泽国，只有王老板店面的这一段地势比较高，一点都没波及到，连王老板停在门口的新车都成了全市少数能够劫后余生的。王老板一下子发了，因为几乎所有的纸行都泡了汤，连纸厂都没能幸免，人们急着要用纸，印刷厂急着要补货、出版社急着要出书，大家都抱着现款来求王老板。

“你真会找地方，”同行们问，“平常怎么看，都看不出你这里地势高，你怎么会知道?”

“简单嘛。”王老板笑笑，“上次我店里淹水，我眼看没救了，干脆趟着水、趁雨大，在全城绕了几圈，看看什么地方不淹水。于是，我找到了这里。”

王老板拍拍身边堆积如山的纸，得意地说：“这叫救不了上次，救下次，真正的‘亡羊补牢’啊。”

故事解析

其实王老板之所以能够成功是与他留意到在大雨中全城哪里不淹水这样一个细节紧密相联的，这充分说明了细节有时恰恰是事物的关键所在。

“成由细节，败由细节”，就看你能不能充分发现并重视这些细节。同样，对于营销来说，一个营销方案是否能取得预期效果，就还原创意和实现创意的过程而言，执行过程中的细节绝对是重中之重。

故事穿越

兰德公司是当今美国最负盛名的决策咨询机构，一直高居全球十大超级智囊团排行榜首。它的职员有 1000 人左右，其中 500 人是各方面的专家。兰德公司影响和左右着美国政治、经济、军事、外交等一系列重大事件的决策。

1950 年，朝鲜战争爆发之初，就中国政府的态度问题，兰德公司集中了大量资金和人力加以研究，得出 7 个字的结论：“中国将出兵朝鲜。”作价 500 万美元卖给美国对华政策研究室。研究成果还附有 380 页的资料，详细分析了中国的国情。并断定：一旦中国出兵，美国将输掉这场战争。美国对华政策研究室的官员们认为兰德公司是在敲诈，是无稽之谈。

后来，从朝鲜战场回来的麦克阿瑟将军感慨地说：“我们最大的失误是舍得几百亿美元和数十万美国军人的生命，却吝啬一架战斗机的代价。”

事后，美国政府花了 200 万美元，买回了那份过时的报告。“中国将出兵朝鲜”7 个字，字字无价，那 380 页的资料是兰德公司不知研究了多少细节问题才总结出来的。

故事微语

随着时代的不断进步，许多企业越做越大，然而很多人注意不到在这些辉煌的背后，企业在细节问题上作了多少努力，花了多少心血。其实这种现象是必然的，因为战略决定命运，而当今企业的战略往往就是“从细节中来，到细节中去”。

战略管理大师迈克尔·波特认为战略的本质是抉择、权衡和各适其位。所谓“抉择”和“权衡”，就是我们所谈的每个战略制定前的调研分析，以便作出最后决定的过程；“各适其位”就是对战略定下来以后的具体细节的执行过程。那么这个前期的过程，拆开来看就是对每一个细节的关注。

心灵箴言

尽小者大，慎微者著。

——司马光

要想获得科学知识，就得从字母学起。

——法国谚语

一个人一次只能着手解决一项有限的目标。

——[澳大利亚] 贝弗里奇

第五篇

一生相伴：用毕生时光去诠释得体的命运

最伟大的生命往往是由最细小的事物点点滴滴汇集而成的。绝大多数人很少能有机会遇到那种重大的转折，很少有机会能够开创宏伟的事业。而生活的溪流往往是由这些琐屑的事情、无足轻重的事件以及那些过后不留一丝痕迹的细微经验渐渐汇集成的，也正是它们才构成了生命的全部内涵。那些看起来微不足道的事情，其中都蕴藏着巨大的发现。而天才与凡人的最大区别往往体现在这些微不足道的小事上。

小细节能够改变大命运

故事话题

1930 年，国内一名干部在广西右江领导革命工作。一天傍晚，他出去执行临时任务的途中被敌人发现，有一个连的敌人在追击他，情况非常紧急，而他在躲避敌人的时候一不小心还把腿摔伤了。千钧一发之际，我地下党一个外号叫“金刚锥”的交通员恰巧经过这里，发现受伤的同志立即将他背起来渡过附近的一条小河，钻进了离岸边不远的一个旧瓦窑里。

瓦窑里不仅阴暗潮湿，蚊子还特别多，两人进去后虽然被许多蚊子叮咬，却还能坚持。可是他们想到如果敌人进来搜查，两个人肯定会被敌人逮住。就在这时，他们想出了一个迷惑敌人的好办法。

二人悄悄来到洞外，在附近找了许多善于结网的花背蜘蛛。他们把蜘蛛放在洞口，没过多长时间蜘蛛就结了好几张大网。然后他们又挥动衣服向外驱赶蚊子，不一会儿新结好的几张大网就粘上了不少蚊子。布置好一切之后，刚好追赶的敌人搜查到了窑洞口。连长见窑洞里漆黑一片，便命一个排长进去瞧瞧。排长害怕，便指派班长，班长又去命令士兵，士兵无奈，只好胆战心惊地走向洞口。

来到洞口以后，立即发现窑洞口结满了蜘蛛网。于是他赶紧回来报告说：“洞口上的蜘蛛网都没破，不可能有人进到里面去。”连长听后觉得很有道理，便带着队伍到别处去搜查了。

故事解析

看似不起眼的小细节扭转了干部跟交通员的命运。假如换作普通人遇到这种危险，未必都能急中生智想到救自己的办法。

多数人只知道蜘蛛可以织网，在关键时刻却不会想到蜘蛛网还会有这样的妙用，这说明再小的细节都能在正确的运用下发挥巨大的作用。故事中的敌人根据蜘蛛网没破这样的细节断定洞里无人，失去了一次立功的机会，这恰恰是我方战士利用细节迷惑敌人的一次胜利，小小蜘蛛网在我军战士的手中成了处理难题的一大利器。

生活中充满了大大小小的难题，我们需要勇敢面对难题、突破现状，而解决难题的突破口往往不是从全局入手，更多的时候从细节入手更容易让难题迎刃而解。

故事穿越

某乳品企业营销副总谈起他们在某市的推广活动时说："我们的推广非常注重实效，不说别的，每天在全市穿行的100辆崭新的送奶车醒目的品牌标志和统一的车型颜色本身就是流动的广告，而且我要求即使没有送奶任务也要在街上开着。很多不错的宣传方式都没有被别的厂家发现过。"

但是后来，这座城里很多一直喝这个牌子牛奶的人都不再喝了，原因正是送奶车惹的祸。这些送奶车用了一段时间后，由于没有及时维护清洗，车身粘满了污泥，甚至有些车厢已经明显破损，即便如此还照样每天在大街上招摇过市，在人们心中的印象大打折扣。人们每天看到这样的宣传产品，不再觉得那是美味的，而是有害的。

"成也送奶车，败也送奶车。"创造这种推广方式的厂家领导在事后是这样总结的，"对送奶车卫生这一细节问题的忽视导致了创意极佳的推广方式的失败，真是悔不当初。"

MIL
MILK

故事微语

忽略细节问题的状况屡屡出现在各大企业单位的工作中，很多企业在营销出现问题时，一遍遍地思考营销战略、推广策略哪里出了毛病，却忽视了对执行细节的认真审核和严格监督。这就是为什么有些企业能够历经风雨而长盛不衰，而有的企业却只能红火一时轰然倒下。最重要的原因就是对细节问题的态度和处理方式存在根本的不同，细节往往能够改变一个企业的命运。

在高科技日新月异，经济全球化飞速发展的形势下，伴随着社会分工的越来越细和专业化程度的越来越高，一个要求精细化管理的时代已经到来。细节成为产品质量和服务水平的有力表现形式。企业只有细致入微地审视自己的产品或服务，注意细节、精益求精，才能让产品或服务日臻完美，在竞争中取胜。

心灵箴言

观察，观察，再观察。

——[俄] 巴甫洛夫

一切推理都必须从观察与实验中得来。

——[意] 伽利略

观察与经验和谐地应用到生活上就是智慧。

——[俄] 冈察洛夫

对微小事物的仔细观察，就是事业、艺术、科学及生命各方面的成功秘诀。

——[英] 史迈尔

注意细节的人往往善于交流

故事话题

《南国今报》曾登载过因为医患双方交流有误而导致的一起严重冲突。说的是一天晚上，柳州市 32 岁的市民何先生由于淋巴结肿大到柳州市人民医院就医。他在医院打了吊针，但病情没有明显好转，便于次日下午找医院的吴医生复诊。从药房领药出来，何先生发现没有拿到注射单，于是再次找到吴医师。吴医师说："没事的，直接把药给注射护士就行了。"

因为注射室里打针的患者太多，何先生就先回家吃了晚饭，晚上 7:50 回到人民医院，排队打针。排队 1 小时后终于轮到了何先生，可值班护士小蒋发现没有注射单，处方上的药物也进行了修改，为慎重起见，她说暂时不能给何先生注射。何先生怒气冲天，大声理论起来。小蒋得了胸膜炎，一大声说话胸口就痛。可何先生满不在乎，还说："你带病上班关我什么事？"双方的口水战愈演愈烈，最后何先生索性拿起桌上的塑料吊瓶和盒装针剂重重地摔在地上。

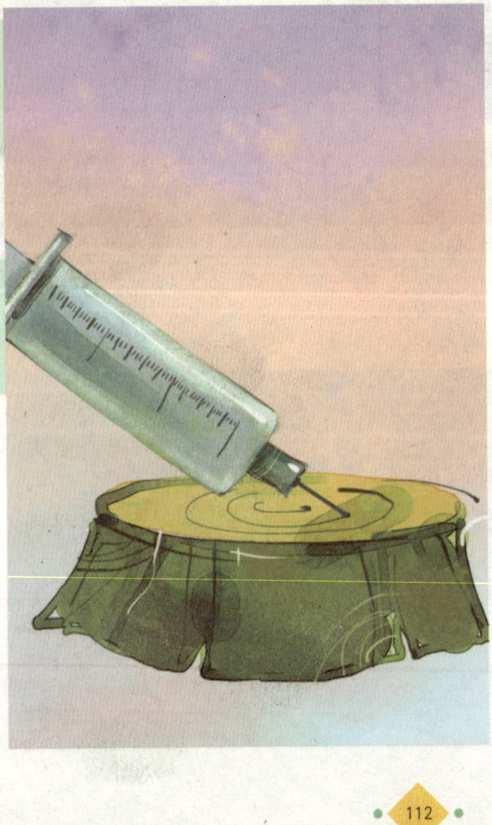

小蒋拿着处方单去找吴医师问个明白，这时她的丈夫打来电话，听了小蒋的哭诉，丈夫急忙带着 3 个朋友赶到医院把何先生痛扁了一顿。待派出所民警赶到现场，小蒋丈夫带来的 3 个朋友已经离开医院。民警将双方当事人带回派出所调查，何先生被打伤的右手诊断为"第二掌骨基底部一骨块稍分离"打上了石膏。经民警调解，双方都明白了原是误会一场。后来，小蒋夫妇承担了何先生受伤检查治疗的所有费用，双方都愿意平心静气地坐下来协商解决问题。

故事解析

案例中的双方之间原本不存在太大的误会，但由于双方的不冷静，最终引起一些不必要的麻烦。人不可能孤立地生活在这个世界上，人与人之间的互相沟通、互相理解是非常重要的。

沟通是人与人之间、人与群体之间思想与感情的传递和反馈，以求思想达成一致和感情通畅。生活中的沟通无处不在，我们与每一个人的对话就是在沟通。如果不善于沟通，而是鲁莽地自行其是，生活中必将处处碰壁。只有学会沟通，与周围的人妥善地沟通，才能把生活和工作安排得井然有序。

沟通能力不是与生俱来的，而要经过后天的锻炼，拥有良好人际关系的人往往左右逢源。沟通像引擎一般，不自己打火就永远不会发动。沟通是一门哲学，需要你用心去品读。审慎地运用沟通魔棒，你就可以轻易地把敌人变成挚友。所以，为了事业的成功，赶快主动打开一扇沟通之门吧。

故事穿越

1971 年，藤田田开始创立自己的事业——经营麦当劳生意。当时的他只是刚出校门没几年、毫无家族资本支持的打工一族，身上只有不到 5 万美元存款，但他依然看好美国连锁饮食文化在日本的巨大发展潜力，下定决心不惜一切代价在日本创立麦当劳事业。

事与愿违，5 个月的时间他只借到 4 万美元。面对巨大的资金落差，藤田田决定寻求银行支持。于是他西装革履、满怀信心地跨进“住友银行”总裁办公室的大门，用极其诚恳的态度向对方表明了他的创业计划和求助心愿。在耐心细致地听完他的表述之后，银行总裁做出了“你先回去吧，让我再考虑考虑”的决定。藤田田听后心里即刻掠过一丝失望，但他马上镇定下来说：“先生，可否让我告诉你，我那 5 万美元存款的来历呢？”对方答应了。

“那是我 6 年来按月存款的收获，”藤田田说道，“6 年里，我每月坚持存下 1/3 的工资、奖金，从未间断过。6 年里，无数次面对过度拮

据或手痒难耐的尴尬局面，我都咬紧牙关克制欲望硬挺了过来。有时候碰到意外事故需要额外用钱，我也照存不误，甚至不惜厚着脸皮四处告贷以增加存款。这是没有办法的事，我必须这样做——因为在跨出大学门槛的那一天，我就立下宏愿：要在10年内存够10万美元自主创业。现在机会来了，我一定要提早开创事业……”

总裁听完他的一席话脸上变得严肃起来，最后他向藤田田问明了他存钱的那家银行的地址，然后对藤田田说：“好吧，年轻人，我下午就给你答复。”

送走藤田田后，总裁立即驱车前往那家银行，亲自了解藤田田存钱的情况。柜台小姐了解了总裁的来意后说了这样几句话：“哦，是问藤田田先生哪。他可是我接触过的最有毅力、最有礼貌的一个年轻人。6年来，他真正做到了风雨无阻地准时来这里存钱。老实说，对这么严谨的人，我真是要佩服得五体投地了！”

听完柜台小姐的介绍后，总裁大为动容，立即拨通了藤田田家里的电话告诉他住友银行可以毫无条件地支持他创建麦当劳事业。藤田田正是靠着银行的前期支持，才开始了自己的麦当劳事业，最终发展到今天的规模。

故事微语

正是敢于主动出击，大胆地阐述自己的经历及计划，藤田田才能最终获得银行的资助。如果他在中间任何一个环节退却了，那么他的沟通效果都将大打折扣。人与人相处，只有主动出击，才能把握住时机。人际关系也是一样，只有主动出击，才能取得良好的效果。

沟通就像引擎一般，只有你自己打火，才能发动这个引擎，引领你通往成功的目的地。所以，赶快行动起来，用主动沟通去赢得你良好的人际关系吧。

心灵箴言

一场争论可能是两个心灵之间的捷径。

——[黎巴嫩] 哈·纪伯伦

一个人必须知道该说什么，一个人必须知道什么时候说，一个人必须知道对谁说，一个人必须知道怎么说。

——[美] 德鲁克

与人交谈一次，往往比多年闭门劳作更能启发心智。思想必定是在与人交往中产生，而在孤独中进行加工和表达。

——[俄] 列夫·托尔斯泰

将自己的热忱与经验融入谈话中，是打动人的速简方法，也是必然要件。如果你对自己的话不感兴趣，怎能期望他人感动。

——[美] 戴尔·卡内基

智者将细节视为一种创造

故事话题

一位彬彬有礼的日本人来到美国，没有选择旅馆居住，却以学习英语为由跑到一个美国家庭里居住。奇怪的是这位日本人除了学习以外，每天都在做笔记，美国人居家生活的各种细节，包括吃什么食物、看什么电视节目等，全在记录之列。

3 个月后日本人走了。此后不久，丰田公司就推出了针对当今美国家庭需求而设计的价廉物美的旅行车，大受欢迎。该车的设计在每一个细节上都考虑了美国人的需要。例如美国男士[特别是年轻人]喜爱喝玻璃瓶装饮料而非纸盒装的饮料，日本设计师就专门在车内设计了能冷藏并能安全放置玻璃瓶的柜子。

直到该车在美国市场推出时，丰田公司才在报上刊登了他们对美国家庭的研究报告，并向那户人家致歉，同时表示感谢。

通过一系列细致的工作，丰田公司很快掌握了美国汽车市场的情况。5 年后，丰田终于制造出了适应美国需求的轿车——可乐娜。

有一个关于可乐娜的广告宣传片是这样的：一辆可乐娜汽车冲破围栏腾空而起，翻了几个滚后稳稳落地，然后继续向前开。马力强劲、坚固耐用、造型新颖，同时价格低廉[不到 2 万美元]的可乐娜推向美国后获得巨大成功。当年丰田汽车在美国销售达 3000 多辆，是上年的 9 倍多。

此后 10 年，丰田汽车公司在美国不断扩展市场份额。1975 年已成为美国最大的汽车进口商，到 1980 年，丰田汽车在美国的销售量已达到 58000 辆，两倍于 1975 年的销售量，丰田汽车占美国进口汽车总额的 25%。1999 年，丰田公司在日本占据的市场份额从 38% 增加到 40% 以上，丰田还占据了东南亚 21% 的市场，差不多是仅次于它的三菱汽车公司的两倍。

故事解析

世界级的竞争就是细节竞争。现代社会中，对细节的重视已经深入人心。一个企业的管理者不仅要关注企业宏观战略的内容，更要注重企业微观方面的管理内容。企业的执行人员要从细节入手把工作做细，从而在企业中形成一种管理文化，那就要注重战略百分百地执行，从而使企业具有极其强大的竞争威力。

对于企业而言，面对当前的时代，如果想在激烈的市场竞争中立于不败之地，只有注重细节，在每一个细节上做足功夫，建立“细节优势”，才能保证基业长青。

故事穿越

关于海尔成功的秘密，张瑞敏这样说道：“许多到海尔参观的人提出的问题跟企业管理最基础的东西离得太远，总是觉得好的企业在管理上一定有什么灵丹妙药，只要照方抓药之后马上就可以腾飞了。好的思路肯定非常重要，但饭要一口一口地吃，基础管理要一步一步地抓起来。”

海尔要求把生产经营的每一瞬间管住。在海尔，从上到下、从生产到管理、服务，每一个环节的控制方法尽管不同，却都透出了一丝不苟的严谨，真正做到了环环相扣，疏而不漏。

如海尔生产线的10个重点工序都有质量控制台，每个质量控制台都有质量跟踪单，产品从第一道工序到出厂都建立了详细档案，产品到用户家里如果出了问题，哪怕是一根门封条，也可以凭着“出厂记录”找到责任人和原因。

故事微语

由海尔集团的案例可以得出这样的结论：战略和战术、宏观和微观是相对的，战略一定要从细节中来再回到细节中去，宏观一定要从微观中来再回到微观中去。

那些对琐事不屑一顾，处理问题时消极懈怠的人没有几个会成功。这类人往往好高骛远、眼高手低，成功对于他们而言是等待一个天上掉馅饼的机会。好的战略只有落实到每个执行的细节上，才能发挥作用，也就是迈克尔·波特说的“各适其位”。

心灵箴言

观察与经验和谐地应用到生活上就是智慧。

——[俄] 冈察洛夫

人生是一头马，轻快而健壮的马，人要像骑手那样大胆而细心地驾驭它。

——[德] 赫尔曼·黑塞

没有顽强的细心的劳动，即使是有才华的人也会变成绣花枕头似的无用的玩物。

——[俄] 斯坦尼斯拉夫斯基

细节，能成就成功也能成就完美

故事话题

临近黄河岸边有一个村庄，为了防止水患，农民们筑起了巍峨的长堤。一天，有个老农偶尔发现蚂蚁窝一下子猛增了许多。他心想：这些蚂蚁窝究竟会不会影响长堤的安全呢？他要回村去报告，路上遇见了他的儿子。老农的儿子听后不以为然地说："那么坚固的长堤，还害怕几只小小蚂蚁吗？"随即拉着老农一起下田了。

当天晚上风雨交加、黄河水暴涨。咆哮的河水从蚂蚁窝始而渗透，继而喷射，终于冲决长堤淹没了沿岸的大片村庄和田野。这就是"千里之堤，溃于蚁穴"这句成语的来历。

除此之外还有很多例子：20 世纪 70 年代以来，广东清远溃堤 13 条，塌坝 9 座，查实其中有 9 条堤围和 5 座大坝是土白蚁为害的结果；1986 年 7 月广东梅州市发生建国以来特大水灾，梅江决堤 62 条，其中土白蚁造成的缺口 55 个；1981 年 9 月广东阳江市境内的漠阳堤段出现 18 个缺口，其中查实有 6 个是土白蚁为害所致。

故事解析

白蚁虽小，但诸多白蚁聚集起来就能造成长堤溃决的后果，这是“白蚁军队”的胜利。作为人类，应该学习白蚁这种团结合作、坚持不懈的精神。面临危机要用科学、细致的观察和研究去防患于未然；面对挑战要用信心支撑自己，不放过每一个能够致胜的细节，不到长城非好汉。

关于细节的公式：100 —1≠99，100—1=0。功亏一篑，1%的错误会导致 100%的失败。不论从事什么样的工作，都要重视小事、关注细节，把事做细、做透，“天下无易事，需要细心人”，“做细有限度，而用心无止境”，揭示了“细中见精”、“小中见大”、“伟大与平凡”的辨证关系。

现实生活中，细节决定成败的故事和例子不胜枚举。一个文字的错误可以使几百万元的合作血本无归；一个充满善意和爱心的行动却可以使毫无希望的命运出现转折。经验和教训告诉我们：细节疏忽不得，大意不得。

故事穿越

作为世界上著名的动画片制作中心的迪斯尼公司十分善于从细节上为观众和客人提供优质服务，从而使游人在离开迪斯尼乐园以后仍然可以感受到他们服务的周到。

他们调查发现，平均每天大约有 2 万游人将车钥匙反锁在车里。于是他们抓住了这个细节，公司雇佣了大量的巡游员专门在公园的停车场帮助那些将钥匙锁在车里的游客打开车门。无须给锁匠打电话，无须等候，也不用付费。正是这样一个小小的细节让成千上万的游客感受到迪斯尼公司无微不至的服务。

迪斯尼公司的服务意识与其产品一样优秀，因为公司内部流传一种"晃动的灯影"理论。所谓"晃动的灯影"，也是迪斯尼公司企业文化的一部分。这一词汇源自该公司的动画片《兔子罗杰》，其中有个人物不小心碰到了灯，使得灯影也跟着晃动。

这一精心设计，只有少数电影行家才会注意到。但是，无论是否有人注意到，迪斯尼公司都一直坚持臻于至善的经营理念，使迪斯尼公司越来越深入人心。

故事微语

细节造就完美。世上不可能有真正的完美，但无论企业也好，个人也罢，都应该有一个追求完美的心态，并将其作为生活习惯。目前，很多企业虽然有远大的目标，但在具体实施时，由于缺乏对完美的执著追求，事事以为“差不多”便可，结果是：由于执行的偏差，导致许多“差不多的计划”到最后一个环节已经变得面目全非。

企业经常面对的是看似琐碎、简单的事情，却最容易忽略，最容易错漏百出。其实，无论企业也好，个人也好，无论有怎样辉煌的目标，但如果在每一个环节连接，每一个细节处理上不到位，都会被搁浅而导致最终的失败。“大处着眼，小处着手”，与魔鬼在细节上较量，才能达到管理的最高境界。

所以，世界级公司之间的竞争就是细节的竞争。让每一个细节都将公司的理念发挥到极致，就形成了特色。有特色才能生存，才能壮大。细节无处不在，细节才能真正使企业的发展实现从0到1的质变。

心灵箴言

生活中要善于细心发现。

——[法] 罗丹

合抱之木，生于毫末；九层之台，起于垒土；千里之行，始于足下。

——老子

天才这个词本来含意极其暧昧，它的定义，决不是所谓“生而知之，不学而能”的。天地间生而知之的人没有，不学而能的人也没有。天才多半由于努力养成，天才多半由于细心养成。

——郭沫若

掌控细节可使生命更高效

故事话题

一位年轻的女士怀孕时打算给腹中的孩子织一身毛衣毛裤，于是在丈夫的陪同下买了一些颜色漂亮的毛线。可是她迟迟没有动手，当她好不容易拿起那些毛线编织时，她会告诉自己：“现在先看一会儿电视吧，等一会儿再织。”等到她说的“一会儿”过去之后，丈夫已经下班回家了，于是她又把这件事情拖到明天，原因是“要陪着丈夫聊聊天”。

等到孩子快要出生了，那些毛线还像新买回时那样放在柜子里。丈夫因为心疼妻子，所以并不催她。后来，婆婆看到那些毛线，告诉儿媳想替她织了。可是她却表示一定要自己亲手织给孩子，只不过现在又改变了主意，想等孩子生下来之后再织。她说：“如果是女孩子，我就织一件漂亮的毛裙；如果是男孩，就织毛衣毛裤，上面一定要有漂亮的卡通图案。”婆婆只好作罢。

时间很快过去，孩子生下来了，是个漂亮的男孩。在初为人母的忙忙碌碌中，孩子一天一天地渐渐长大。很快孩子就 1 岁了，可是他的毛衣毛裤还没有开始织。后来，这位年轻的母亲发现，当初买的毛线已经不够给孩子织一身衣服了，于是打算只给他织一件毛衣。不过打算归打算，却迟迟没有动手。

孩子 2 岁时，毛衣依然没有织。

孩子 3 岁时，母亲想，也许那团毛线只够给孩子织一件毛背心了，可毛背心还是没有织成。渐渐地，这位母亲想不起来这些毛线了。

孩子开始上学了。有一天，孩子在翻找东西时发现了这些毛线，可惜毛线已被虫子蛀蚀。孩子便问妈妈这些毛线是干什么用的，此时妈妈才又想起自己曾经憧憬的、漂亮的、带有卡通图案的花毛衣，只是它一直存在于自己的脑海中。

故事解析

这是一个典型的一拖再拖最后一事无成的例子。年轻的女士空有自己的打算，却迟迟没有动手。每次自己设定的计划时间到达，她就会给自己找理由把计划延期，并且不时地做调整。所以，最后孩子上学了，毛衣还是没有织出来。

其实这种情形在我们周围是很常见的。许多人都有很大的抱负与计划，但是很多年过去了，依然没有实行。因为生活有着许多的琐事，不断地干扰他，让他把计划暂时搁浅，最后只能不了了之。

西班牙作家塞万提斯说：“取道于‘等一会’之街，人将走入‘永不’之室。”这是一句至理名言。有了计划而不去马上执行，最后必然没法执行。往往有许多的理由让我们暂且搁置计划，我们以为明天去执行也来得及，可是往往明天又会有新的阻碍，所以最后只能让它无限延期。古往今来，所有成功人士都具备马上行动的素质。

故事穿越

艾米和贝蒂同时受雇于一家食品连锁店，大家一起从底层做起。艾米受到总经理的青睐而平步青云，一直做到了部门经理；贝蒂却好像被人遗忘了，一直在公司的底层挣扎。终于有一天，忍无可忍的贝蒂向总经理请教原因。

总经理想出了一个办法，他让艾米和贝蒂分别到集市上，去看今天集市上都卖些什么。

贝蒂很快从集市上回来，今天正好下雨，集市上只有一个农民在卖红薯。“这个农民手里总共有多少红薯？”总经理问。贝蒂又跑了回去，半天后才回来说10袋。“每袋多少钱？”贝蒂又跑到了集市上，半天后才回来。总经理看到气喘吁吁的贝蒂，让她休息一会儿，说完就让艾米进来汇报情况。

艾米汇报说：“到现在为止，只有一个农民在卖红薯，手头上有10袋，价格适中，我带回来几个样品让你看。这个农民很快还会拿些土豆到集市上卖，据我看，价格、质量也还不错，可以考虑进一些货。这个品种的土豆，连锁店可能也需要。我把农民也带过来了，正在外面等着回话。”

贝蒂听了，终于知道自己与艾米的差距了。

故事微语

同样是一个任务，贝蒂来回跑，辛苦万分，花了好长时间，结果还没有给经理提供足够的信息。而艾米只是跑了一趟，就把所有的信息都搞清楚了，还很有远见地给经理提出建议。原因在于艾米善于思考，她把事情考虑得特别周详，这样能够给自己节省许多时间；而贝蒂只是按部就班地遵从上级的命令，所以两者的效率才相差这么多。

科学家爱迪生说："工作中最重要的是要提高效率。"如此低下的效率又怎么可能把工作做好呢？这种经历是许多人都有的。一整天忙得晕头转向，回过头去，却发现其实什么也没有做。其实，这都是因为不懂得合理安排时间才导致效率如此低下。

同样的任务由不同的人完成，不仅效果相差甚远，耗费的时间和精力也往往大相径庭，因为不同的人做事的效率不一样。只有高效率的人才能取得上司的赏识，获得成功。

心灵箴言

克服自己消极的、钻牛角尖的扭曲的思想方式，便能增加效率，提高自尊心。

——[德] 伯恩斯

培育能力的事必须继续不断地去做，又必须随时改善学习方法，提高学习效率，才会成功。

——叶圣陶

管理职责这一概念意味着：管理机构应该做出努力，要反对任何人为了自己得到好处而降低合作的效率。

——[德] 亨利·艾伯斯

心灵榜样微史话

老子

老子，姓李名耳，字聃，一字或曰谥伯阳。华夏族，楚国苦县厉乡曲仁里人，约生活于公元前 571 年至公元前 471 年之间。是我国古代伟大的哲学家和思想家、道家学派创始人，被唐朝帝王追认为李姓始祖。

老子乃世界文化名人，世界百位历史名人之一，存世有《道德经》（又称《老子》），其作品的精华是朴素的辩证法，主张无为而治，其学说对中国哲学发展具有深刻影响。在道教中，老子被尊为道教始祖。老子与后世的庄子并称老庄。

刘邦

刘邦，沛丰邑中阳里人，汉朝开国皇帝，汉民族和汉文化伟大的开拓者之一、中国历史上杰出的政治家、卓越的战略家和指挥家。对汉族的发展，以及中国的统一和强大有突出贡献。

刘邦出身农家，为人豁达大度，不事生产。历任沛县泗水亭长、沛公、汉王。公元前 206 年十月，刘邦军进驻霸上，秦王子婴向刘邦投降。秦朝灭亡。刘邦废秦苛法，与关中父老约法三章。鸿门宴后封为汉王，统治巴蜀地及汉中一带。楚汉战争前期，屡屡败北。但他知人善任，注意纳谏，能充分发挥部下的才能，又注意联合各地反对项羽的力量，终于反败为胜。击败西楚霸王项羽后，统一天下。公元前 202 年，刘邦于荥阳氾水之阳即皇帝位，定都长安，史称西汉。

高祖十二年，刘邦因讨伐英布叛乱，被流矢射中，其后病重不起，公元前 195 去世，庙号太祖，谥号高皇帝。阳）人，战国时期著名的纵横家，与张仪齐名，是鬼谷子王诩的徒弟。

苏秦以一己之力促成山东六国合纵，使强秦不敢出函谷关十五年，又佩六国相印，叱咤风云。后世敬仰其成就，以“苏秦背剑”来命名武术定式，十分形象，通俗易懂，更取其纵横捭阖之意。

匡衡

匡衡，字稚圭，东海郡承县（今枣庄市峄城区王庄乡匡谈村）人，祖籍东海承（今临沂市兰陵县兰陵镇）。匡衡墓，位于山东枣庄峄城西南 14 华里。匡谈村，即匡衡故里。西汉经学家、大臣，以说《诗》著称。元帝时位至丞相。

匡衡所住的村庄叫“匡王村”（位于今山东省临沂市兰陵县鲁城镇），匡王村北边的山叫“匡山”，匡衡上学的那个村庄叫“老书房村”，母亲迎送匡衡上学站过的那块石头取名“望子石”。

诸葛亮

诸葛亮，字孔明，号卧龙（也作伏龙），汉族，徐州琅琊阳都（今山东临沂市沂南县）人，三国时期蜀汉丞相，杰出的政治家、军事家、散文家、书法家、发明家。在世时被封为武乡侯，死后追谥忠武侯，东晋政权因其军事才能特追封他为武兴王。其散文代表作有《出师表》、《诫子书》等。曾发明木牛流马、孔明灯等，并改造连弩，叫作诸葛连弩，可一弩十矢俱发。于建兴十二年在五丈原（今宝鸡岐山境内）逝世。

被追谥为忠武侯，故后世常以武侯、诸葛武侯尊称诸葛亮。诸葛亮一生“鞠躬尽瘁、死而后已”，是中国传统文化中忠臣与智者的代表人物。

车胤

车胤，字武子，东晋南平郡（湖南津市）人。自幼聪颖好学，家境贫寒，常无油点灯，夏夜就捕捉萤火虫，用以照明夜读，学识与日俱增。历任中书侍郎、侍中、国子监博学、骠骑长史、太常、护军将军、丹阳尹、吏部尚书。为人公正、不畏强权，后被会稽王司马道子世子元显逼令自杀，死后追谥忠烈王。

吉鸿昌

吉鸿昌，字世五，原名吉恒立，抗日英雄，爱国将领，河南省扶沟人。1913 年入冯玉祥部，从士兵递升至军长，骁勇善战。1932 年加入中国共产党，1934 年参与组织中国人民反法西斯大同盟，被推为主任委员，秘密印刷《民族战旗》报，宣传抗日，联络各方，准备重新组织抗日武装。

11 月 9 日，在天津法租界遭军统特务暗杀受伤，遭工部局逮捕。为置吉鸿昌于死地，宋美龄不遗余力，她拿公款向租界行贿，将吉鸿昌引渡到北平军分会。11 月 24 日，经蒋介石下令，吉鸿昌被杀害于北平陆军监狱，时年 39 岁。

杨子荣

杨子荣原名杨宗贵，山东牟平县嵎岬河村人。1945 年参加八路军，历任战士、班长、团侦察排长等职。参军只有一年多时间，他参加大小战斗上百次，每次都出色地完成了上级交给的任务，多次立功受奖，并被评为“侦察英雄”、“战斗模范”。1947 年，一举将“座山雕”及其联络部长刘兆成、秘书官李义堂等 25 个土匪全部活捉，创造了深入匪巢以少胜多的战斗范例。在继续追剿丁焕章、郑三炮等匪首的战斗中英勇牺牲，时年仅 30 岁。

克洛克

雷·克洛克是麦当劳之父，快餐巨人。他出生在美国洛杉矶橡树园，1922 年开始正式为莉莉特利普制杯公司做推销工作。52 岁那年以低价和整洁的模式经营起了世界上最庞大的快餐王国——麦当劳。

30 年推销多功能奶昔搅拌器的工作让他捕捉到了成就未来的机遇。于是 1954 年，他见到了这家专售汉堡的餐馆及其经营者迪克·麦当劳和马克·麦当劳兄弟。从此就跟麦当劳结下不解之缘。1961 年，克洛克最终说服麦当劳兄弟以 270 万美金的价格将餐馆转让给自己。

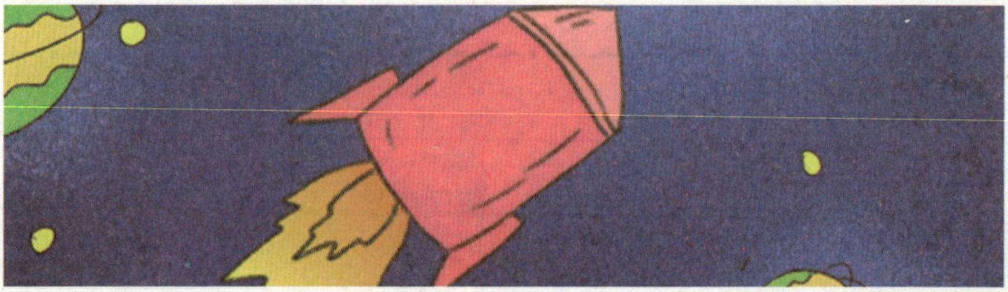

心灵修养用语微解

努力：尽量地使出自己的力气来做事。后来指一种做事情的积极态度。

命运：指生命的经历。命指生命，运即经验历程。民间存在命运早由天(或神)注定，可以用术数、天象、占卜、学佛等方式来改变命运的说法。

效率：是指有用功率对驱动功率的比值，同时也引申出了多种含义。效率也分为很多种，比如机械效率、热效率等。效率与做功的快慢没有直接关系。

细节：不容易起眼的小环节，小事；文艺作品中描绘人物性格、事件发展、自然景物、社会环境等最小的组成单位。细节描写要求真实、生动，并服从主题思想的表达。

成功：成就功业、政绩或事业，在人生道路上实现价值目标。可指精神的崇高，即做人的成功，一个人得到社会、历史、人民的认可，无论结果，都可认为他是个成功的人。

执行力：执行力包含完成任务的意愿，完成任务的能力，完成任务的程度。对个人而言执行力就是办事能力；对团队而言执行力就是战斗力；对企业而言执行力就是经营能力。个人执行力是指每一单个的人把上级的命令和想法变成行动，把行动变成结果，从而保质保量完成任务的能力。

修养：人的综合素质。培养高尚的品质和正确的待人处世的态度，求取学识品德之充实完美。古代儒家多指按照其学说的要求培养完善的人格，使言行合乎规矩；科学文化知识、艺术、思想等方面所达到的一定水平；指逐渐养成的待人处事的正确态度；智力，性格。

积极：谓肯定或正面。鲁迅《二心集·关于〈唐三藏取经诗话〉的版本》：“所以倘无积极的确证,《唐三藏取经诗话》似乎还可怀疑为元椠。”谓进取、主动或热心。老舍《茶馆》第三幕：“你呀， 小丁宝 ，不够积极!”

积累：（事物）为了将来发展的需要，逐渐聚集起有用的东西，使之慢慢增长、完善。积累可以做动词、名词。常与金钱、知识、经验、工作搭配。在与金钱搭配时，积累可以表示一生的金钱结余且与扩大再生产有联系。积存则不强调与今后发展的联系。知识、经验、工作只能用积累。

智慧：狭义指高等生物所具有的基于神经器官[物质基础]一种高级的综合能力，包含有：感知、知识、记忆、理解、联想、情感、逻辑、辨别、计算、分析、判断、文化、中庸、包容、决定等多种能力。智慧让人可以深刻地理解人、事、物、社会、宇宙、现状、过去、将来，拥有思考、分析、探求真理的能力。

机会：“机”通“积”，“几”即数量，意取累积，积木生机，助缘合因，至取正果。道运化因缘成果之无形法即是“机”。 时机。《三国志·蜀志·杨洪传》：“汉中则益州咽喉。存亡之机会，若无汉中则无蜀矣。”也指机关，圈套。《西游记》 第五十回：“他不听吾言，要穿此晤晤脊背，不料中了大王机会，把贫僧拿来”。

细节：1. 不容易起眼的小环节，小事。2. 文艺作品中描绘人物性格、事件发展、自然景物、社会环境等最小的组成单位。细节描写要求真实、生动，并服从主题思想的表达。《后汉书·班超传》：“为人有大志，不修细节。”孙犁《澹定集·与友人论传记》：“古代史家，写一个人物，并不只记述他的成败两方面的大节，也记述他日常生活的细节。”也指文学艺术作品中的细小情节的描写。

效率：是指有用功率对驱动功率的比值，同时也引申出了多种含义。效率也分为很多种，比如机械效率、热效率等。效率与做功的快慢没有直接关系。基本解释：单位时间完成的工作量。出处：郭沫若《洪波曲》第六章：“逾之是做文章的老手，而且是素来讲究效率的人。”示例：1. 上课认真听讲有助于提高学习效率。2. 对待学习的态度、习惯与专注的程度及办事的效率，将直接决定你是否是一个有智慧的人，你的生命是否有价值。